세계적인 산림학자 김성일 교수의 긴급 한반도 환경보고서

북한 산림,
한반도를
사막화하고 있다

스토리윤
Story Yoon

세계적인 산림학자 김성일 교수의 긴급 한반도 환경보고서

북한 산림, 한반도를 사막화하고 있다

추천사

도도한 강물처럼 통일이 오고 있습니다. 그것은 우리가 통일을 위해 무엇인가 했기 때문이라기 보다는 북한이 무너지고 있기 때문입니다.

북한의 이례 없는 활발한 대외 언론 플레이에도 불구하고 북한 내부는 점점 무정부 상태로 변하고 있습니다. 오랜 식량난과 거듭되는 자연재앙으로 인한 주민 사회 해체 등이 겉으로 드러난 이유이지만, 그 근본적인 원인은 북한 산림 황폐화로 인한 사막화 때문입니다.

한국을 대표하는 산림학자이자 지구촌 사막화 방지를 위해 오랫동안 국제 전문가들과 활동해온 김성일 교수가 북한의 문제를 정치적으로만 보았던 우리의 눈을 활짝 열어주고 있습니다. 그리고 수시로 변하는 정치적 감정으로만 바라보았던 북한의 문제를 총체적으로 이해할 수 있는 문을 열어주었습니다.

제 기억으로 북한 산림이 심각하다는 이야기가 들려오기 시작한 것은 오래 되었습니다. 어거지 시장경제를 하려다가 실패한 북한 지도부는 사람보다 몇 배를 더 오래 사는 나무들을 베어 내어 텃밭을 만들기 시작했는데 얼마나 많은 숲이 사라졌는지 우리는 알 길이 없었습니다. 그저 최근 들어 더욱 심각해지고 있는 북한의 기후 재앙에 안타까운 마음으로 발을 동동 구르고 있었을 뿐입니다.

다행히 우리는 70년대 산림녹화에 성공해서 그 비극을 막았지만 북한은 그러질 못했던 것입니다. 북한이 뒤늦게 숲이 사라진다는 것이 얼마나 무서운 일인 줄을 알게 됐지만 너무 늦었습니다. 그래서 국제 사회에 SOS를 보내고 있습니다. 그런데 지금 그들이 간절히 원하는 것은 한국입니다.

무엇보다 국제사회가 오래전부터 주목하고 염려해온 북한 산림의 심각성에 대해 우리가 너무도 무심했던 지난 시간을 통회하는 마음으로 돌아봅니다. 그리고 끈질긴 조사와 국제기구와의 협력을 얻어 산림과 함께 죽어가는 북한 주민과 북한 자연의 현실을 국민들에게 전해준 저자의 열정에 감사를 드립니다.

이 책을 통해 알게된 정말 다행스러운 사실은, 한반도가 당면한 이 비극적인 상황을 해결할 수 있는 최선의 대안이 우리에게 있다는 것, 그리고 아직 시간이 있다는 것입니다.

강창희 전 국회의장

추천사

유엔 사막화 방지 기구를 비롯해 세계적인 환경문제 전문가이자 산림학자인 김성일 교수의 〈북한 산림, 한반도를 사막화 하고 있다〉는 대학의 연구기관과 학자가 국가의 운영에 어떤 역할을 해야 하는가를 보여주는 참 좋은 예라고 생각합니다.

특히 그동안 예측불가능하게만 여겨졌던 북한 내부의 수많은 사건들을 '북한 산림'이라고 하는 창문을 통해 비교적 일관성 있게 이해하고 접근할 수 있도록 도와주었다는 점에서도 의미 있는 저술이라 생각합니다.

무엇보다 학자의 집념과 열정으로 발로 뛰며 북한 산림의 실상을 정확히 파악하여 실증적으로 상황을 정리한 점, 더 나아가 풍부한 국제기구에서의 경험을 바탕으로 국가 미래적인 차원에서 실천 가능한 구체적 대안을 제시한 점에 대해 같은 학자로서 박수를 보냅니다.

많은 사람들이 북한 환경 재앙의 실태를 이해하고 공감하여 통일 한국 시대를 준비하는 데 이 책이 밑거름이 될 수 있을 것으로 믿어 의심치 않습니다.

오연천 서울대학교 총장

정부의 대외 무상원조기관인 한국국제협력단(KOICA)에 몸담고 있는 사람으로서 김성일 교수님의 〈북한 산림, 한반도를 사막화 하고 있다〉를 통해 큰 위안과 소망을 갖게 되었습니다. 북한에서 안타까운 소식이 들려올 때마다 코이카 사람들은 마음이 무거울 수 밖에 없습니다. 23년 전, 대외원조기관으로 탄생한 코이카는 세계 사막화 지역을 비롯한 전 세계 개도국과 최빈국에서 원조사업을 추진해 오고 있습니다. 대규모 예산을 바탕으로 한 선진국들의 '규모의 원조'와는 달리, 우리의 개발경험을 바탕으로 한 현장중심의 진정성있는 원조 활동으로 개도국에서 인정받고 환영받는 원조기관으로 성장해 왔습니다.

그럼에도 불구하고 코이카는 고통받는 북한 주민을 위해서는 아무 것도 할 수가 없습니다. 정치적 한계로 인해 북한은 코이카가 갈 수 없는 유일한 나라이기 때문입니다. 그런 안타까움이 있기에, 산림 황폐화로 극심한 식량난을 겪고 있는 북한의 상황을 생생하게 전해준 이 책의 출간을 진심으로 기쁘게 생각하며 많은 분들이 북한 산림 복원과 북한 주민 살리기에 참여하는 계기가 되기를 바랍니다. 또한 북한 산림 복원은 더 이상 미룰 수 없는 시대적 과제이기에 코이카도 기꺼이 지구촌 원조 현장에서 쌓은 경험들을 나누기를 희망합니다.

김영목 한국국제협력단 이사장

추천사

열정, 집념, 그리고 경쾌한 풋트웍. 이것이 내가 아는 산림학자 김성일의 파워입니다. 그는 이 힘으로 나와 함께 전 세계를 누비며 지구촌 환경을 지키는 데 공헌해왔습니다.

그런 그의 가슴 한가운데는 늘 북한 산림이 있었습니다. 그는 오랜 세월, 나무를 사랑했던 아버지의 고향인 북한 땅을 가슴에 품고 있었습니다. 그는 그 실상을 알기 위해 독일을 비롯한 유럽과 아시아 여러 나라를 누비고 다녔고 마침내 이번에 그 집념과 땀의 결과를 책으로 내기에 이르렀습니다.

이 책의 모든 페이지, 모든 문장은 한국인들이 북한의 죽어가는 산림과 그로 인해 대대로 살아온 고향을 잃고 헤매는 북한 주민들을 살리고, 나아가 더욱 아름다운 통일 선진국이 되기를 바라는 김성일 교수의 간절한 외침입니다. 이 책을 통해 많은 한국 사람들이 더 늦기 전에, 북한의 산림을 살리는 일에 뛰어들기를 진심으로 바랍니다.

아쇼크 코슬라 전 세계자연보전연맹(IUCN) 총재

김진경 총장과의 운명적인 만남 이후 연변과기대와 평양과기대 설립 등 다양한 방법을 통해 한반도의 미래와 통일 시대를 준비하고자 노력해왔습니다. 그런 나에게 김성일 교수의 이 예상치 못했던 저술은 통일을 향한 오랜 목마름을 해갈시켜주는 반가움입니다.

중국과 북한의 국경을 수없이 오가며 북한산림의 심각한 상황을 전해들은 것이 벌써 수년 전, 그러나 산림학자도 통일사업 전문가도 아니기에 그저 식량난과 교육문제 해결에만 전념해오던 나에게는 김성일 교수가 동지처럼 느껴집니다.

그의 통곡이 나의 통곡이고 그의 눈물이 나의 눈물입니다. 이 책을 위해 폭넓은 정보를 수집하고 분석하여 북한 정부의 은폐로 가려져 있던 북한 산림 실태와 사막화 되어 가고 있는 북한 땅의 현실을 전해준 김성일 교수와 국내외 많은 전문가들에게 심심한 감사를 표하는 바입니다. 이 책이야말로 통일은 구호나 말이 아닌 헌신과 준비와 희생으로만 이루어낼 수 있다는 사실을 다시 한번 확인시켜 주고 있습니다.

이승률 평양과기대 대외부총장 (사) 동북아공동체 대표

추천사

1970년대 한국의 산림녹화 성공은 세계를 깜짝 놀라게 했습니다. 한국은 20세기 4대 산림녹화 성공국 중의 하나이며, 전국토 산림녹화에 성공한 유일한 나라입니다.

그런데 그 나라와 한 핏줄을 나눈 북한에서는 지금 지구촌에서 가장 빠르게, 가장 심각하게 사막화가 진행되고 있습니다. 참으로 안타깝고 어처구니없는 상황임에도 불구하고 정치적인 불편함 때문에 두 나라는 지금까지 본질을 보지 못하고 시행착오만 거듭해왔습니다. 하지만 이제 김성일 교수를 통해 한반도 사막화에 대한 실체를 볼 수 있게 되었다는 점에서 무척이나 다행스럽게 생각합니다.

모든 면에서 한국은 서양 역사에서 이룬 발전의 속도를 무색하게 하는 탁월한 능력이 있습니다. 또한 지금 모든 사람이 절실하게 통일을 원하고 있습니다. 북한 산림은 빠르게 사라져가고 있고 그만큼 복원 비용은 급상승중입니다. 한국인들이 하루 빨리 북한 산림을 복원함으로서 가련한 북한 주민의 생명을 구하고 평화로운 통일을 앞당길 수 있기를 기원합니다.

하디 파사리부 아시아산림협력기구(AFoCO)사무총장 김성일 교수를 통해 우리 눈앞에 드러난 진실, 즉 북한에 닥친 비극적인 재앙의 출발점이 북한 산림이라는 사실은 한마디로 충격입니다. 정치적인 시각으로볼 때는 해결의 기미가 보이지 않았던 북한과의 관계, 그리고 통일의 문제가 이 책 안에서는 전혀 새롭게 다가옵니다. 이 책은 국제적인 시야를 가진 산림학자의 눈과 열정이 없었다면 결코 얻을 수 없는, 북한이 당면한 재앙과 그 원인에 관한 생생한 정보와 분석이 풍성합니다.

인도네시아에서 오랜 기간 대규모 열대림 조림과 경영을 해 온 나의 입장에서, 우리가 북한 산림을 살릴 수 있는 독보적인 경험과 이유를 갖고 있다는 김성일교수와 세계적인 전문가들의 격려와 증언에 동의하며 동시에 안도합니다. 70년대 부모 세대들이 우리를 위하여 헌신하고 땀 흘렸던 것처럼 이제 우리도 통일 한국의 미래를 위해 후손들에게 물려주기 위해 북한을 설득하고 국제사회와 공조를 이루며 '북한 산림 복원'이라는 이 시대적 소명을 완수해야 할 것입니다. 집념의 산림학자 김성일 교수님의 오랜 땀방울과 집념에 갈채를 보냅니다. 교수님과 함께 통일의 깃발을 들고 나무를 심고 농사를 지을 한국인들이 북한 땅으로 달려가는 그 날을 기대합니다.

승은호 코린도 그룹 회장

저자서문

나의 꿈

어린 시절, 우리 집 마당에는 묘목이 늘 산처럼 쌓여 있었다. 아침에 학교를 갈 때면 그 묘목들 사이로 비집고 지나가거나 쌓인 나무 더미를 넘어야 집을 나설 수 있었다. 그때마다 나는 이 지긋지긋한 나무 더미와 관련된 일은 절대 하지 않겠다고 다짐하곤 했다. 북청농업학교 임학과 출신이셨던 아버지(김명원)는 피난 후 양묘사업을 시작하셨다. 주말이면 아버지는 어린 나를 데리고 청량리역에서 기차를 타고 다시 버스로 갈아타고도 모자라 3시간 가까이 걸어서 산 속 깊은 곳에 있는 양묘장에 가시곤 했다.

그 때 내가 한 일은 잣나무 씨앗 뿌리는 아주머니들에게 껌을 한 개씩 나눠드리는 것이었다. 봄가을 철이 되면 수십에서 많게는 수백 명의 동네 아주머니들이 오셔서 일을 하곤 했다. 돌아오는 길에 아버지는 옥천읍에 들러 옥천냉면을 한 그릇 사주시곤 했다. 대학생이 되어서도 나와 아버지의 양묘장 방문은 계속됐다. 달라진 게 있다면 내가 운전을 하고 아버지를 모시고 다녔다는 것이다.

백두산 근처인 함경남도 북청이 고향인 아버지는 백두산, 금강산, 칠보산, 묘향산 등 북한의 아름다운 산에 대해 얘기하시며 평생 고향 숲을 가꾸듯 나무를 키우셨다. 아버지의 말씀에 따르면 1955년부터 90년까지 무려 8천 7백만 본의 묘목을 키워서 정부에 납품을 하셨다. 그 사이 나무 더미 따위는 절대 쳐다보지도 않겠다고 했던 개구쟁이는 자연스럽게 산림학을 공부하고 전 세계의 사라져가는 숲과 그로 인한 환경문제를 다루는 산림전문가가 됐다. 팔순이 다 되도록 남한의 산림녹화를 위해 일생을 보내신 아버지는 10년 전 세상을 떠나셨다. 그리고 지금 나에게는 아버지가 평생 다시 보고 싶어하셨던 북한의 산림복원이 운명처럼 다가왔다.

북한 산림 황폐화의 심각성은 오래 전부터 들어 알고 있었다. 2009년 이후 정부의 녹색성장위원회 '북한 조림 TF' 에서 활동하면서 5년간 북한 산림 복원에 대한 연구를 진행하기도 했다. 5년은 결코 짧은 시간이 아니었으나 늘 긴장과 흥분으로 연구를 계속했고 한시도 북한 산림 복원의 다급함에 대해 잊어본 적이 없었다.

하지만 우리 정부와 북한 정부의 정치적 관계를 깊이 알면 알수록 북한 산림 복원이 얼마나 어렵고 지루한 싸움이 될 것인지를 알게 됐다. 북한의 무분별한 자원 남용으로 인한 기상 난동 만을 탓할 수는 없다. 북한 산림을 오늘과 같은 상황으로 몰고 온, 보다 더 결정적인 원인은 우리 내부의 이념 갈등과 세대간 갈등, 그리고 북한의 폐쇄성 못지 않게 단단하게 굳어버린 우리의 무관심 탓도 크기 때문이다.

어려움이 있을 때마다 국제기구를 찾아가 도움을 청했다. 그들의 혜안과 경험이 필요했다. 그러나 그럴 때마다 얻게 된 결론은 '북한 산림복원' 에 관한 한 그들도 우리 보다 나을 게 없다는 것이었다. 정말 막막했다.

이전보다는 많은 사람들이 북한 산림의 황폐화를 알고 있다. 그러나 산림 복원이 단순히 묘목과 비료 그리고 삽자루를 그들에게 쥐어주는 것으로 해결이 될 것이라고 믿는 이들이 대부분이다. 우리나라는 전 세계가 인정하는 '국가차원의 산림복원에 성공' 한 거의 유일한 나라다. 이 사실은, 우리가 산림복원에 성공했다는 단순한 사실을 넘어, '국가차원의 산림복원' 이 선진국에게도 결코 쉽지 않은 일이라는 점을 반증한다. 우리가 성공했으니 북한도 성공하리라는 낙관은 절대 금물이다.

남한이 줄 수 있는 것과 북한이 바라는 것, 그리고 그 사이에 국제기구 혹은 제3의 국가가 해줄 수 있는 윤활유 역할이 뭔지 알기 위해 국내외의 많은 사람들을 만나 인터뷰하고 관련 국가 문서, 법과 정책 등을 조사했다. 이제 조금씩 길이 보이는 것 같다.

이 책을 통해 북한 산림 복원에 관한 우리의 과거 경험을 냉정하게 평가하고 앞으로 국제사회와 협력하여 시도해볼만한 다양한 방법들을 제시했다. 더 이상은 미룰 수 없는 이 역사적 과제 앞에서, 우리가 신념과 끈기로 굳게 닫힌 북한의 빗장을 열고 사막화 되어가는 한반도를 살려내는 세대가 되기를 간절히 소망한다.

이 책이 나오기까지 가장 큰 용기를 준 분은 북한과 북한 산림에 대해 학자 못지 않은 열정과 관심을 가지고 계신 강창희 전 국회의장님이다. 국내외 많은 선후배 산림학자들과 유엔의 사막화 문제 전문가들도 아낌없이 고견을 나누어주었다. 공저자인 이동호 연구원을 비롯한 많은 제자들의 날밤을 새우는 진지한 연구가 없었다면 이 책은 불가능했다.

내 옆에서 항상 산림에 관한 철학을 논했던 서울대 산림과학부 빅터 테플리아코프 교수, 남북한 양국의 산림법에 대한 조언을 해주신 서울대 법학대학원의 이효원 교수, 지금도 몽골의 사막화방지에 동분서주하고 있는 충남대학교 김세빈 교수께도 진심으로 감사드린다. 일의 속성상 이름을 밝히지 못하는 다수의 지인 분들에게도 이번 기회를 빌어 감사드린다.

또한 이 책의 구성과 집필에 필요한 많은 자료들을 정리해준 이진주씨와 남북관계 발전과 통일한국을 향한 소망을 품고 이 책을 펴내준 스토리 윤의 이소윤 대표께도 감사드린다.

마지막으로 어릴 때부터 나에게 나무와 숲에 관한 영감을 심어주신 아버지와 어머니, 그리고 언제나 변함없는 격려와 신뢰를 보내준 사랑하는 가족에게 깊은 감사를 전한다.

차 례

제1부 북한 산림 재앙의 실체

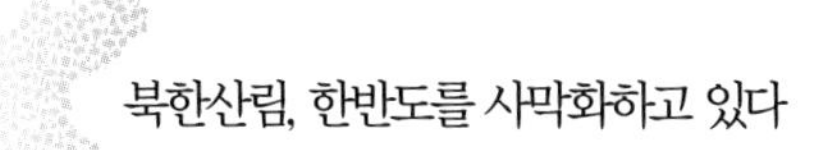

차 례

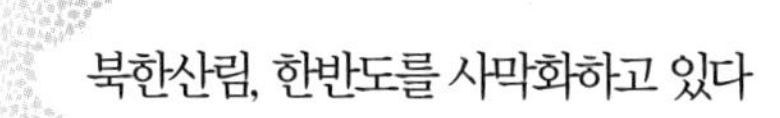

2012년 3월, 북한은 수도인 평양에서 유례없는 국제회의를 개최했다. 당시 8개국 14명의 생태복원전문가들을 초대해서 북한의 환경 상태와 식량 안보 문제의 회복 및 개선 전략 등을 논의했다. 북한 당국이 국제 전문가들을 불러 자국의 환경문제를 공개적으로 논의하기는 그 때가 처음이었다. 4개월 뒤에는 왕가뭄에 이어 갑작스런 홍수로 또 다시 토지와 집들이 물에 잠기자 AP통신을 통해 홍수현장을 외신에 타전했다. 며칠 뒤인 8월 3일에는 평강도에만 75명의 사망자가 발생했다고 피해상황을 집계해서 발표했다.

지금 북한은 다급한 SOS를 보내고 있다. 고립된 체제의 자존심을 핵무기개발이라는 강수로 버티어 온 그들이 더 이상은 해결할 수 없는 위협을 만났기 때문이다. 분단 60년. 그동안 그 어떤 설득이나 화해의 손짓으로도 열수 없었던 북한

1

북한 산림 재앙의 실체

이 스스로 치부를 드러내며 문을 열게 만든 것, 그것은 무기도 강대국도 이념도 아닌, 죽어가고 있는 '산림'이었다. 기후 온난화라는 환경의 변화와 극심한 에너지난으로 인해 하루가 다르게 푸른색을 잃고 벌겋게 변해가는 민둥산. 그로 인해 주민이 이탈하고 정부와 지방이 분리되며 최소한의 소통과 교통시스템마저 운영할 수 없는 무정부 상태에 빠졌다.

백척간두에 선 북한은 굳게 잠갔던 빗장을 열고 한국과 국제 사회를 향해 '죽어가는 산림을 살려 달라'는 SOS를 보내고 있는 것이다.

1 북한산림에 관한 이상한 증언들

북한을 덮친 재앙의 정체, 식량난 아닌 기후 재앙

> 이상한 일입니다. 철원에 두루미 떼가 갑자기 늘어났습니다. 20년 전에는 200마리 정도 밖에 되지 않았는데 지금은 1000마리가 넘어요. 이게 무슨 의미인지 아십니까.

지난 가을에 만난 홀 힐리 Hall Healy 국제두루미재단 International Crane Foundation 이사장이 나를 빤히 쳐다보며 물었다. 내심 한국의 철새 환경이 개선되었기 때문이라고 말하고 싶었지만 그것은 진실이 아니었다. 그의 눈빛은 그도 알고 나도 아는 '진실' 을 듣고 싶어 했다.

> 먹을 게 없어서 그런 거겠죠.

국제적 멸종위기종인 두루미는 현재 지구상에 약 2800여 마리 밖에 남아있지 않다. 그 중에 천여 마리가 북한과 한국의 DMZ 인근에 서식하고 있는데 그 새들에게 먹이를 제공하기 위해서 힐리 씨와 국제두루미재단은 북한 안변지역에서 농사까지 하고 있었다.

그런데 1990년대 이후 계속되는 식량난으로 인해 두루미들의 먹이였던 곡식은 오리, 거위, 염소 등 가축들 차지가 됐다. 힐리씨와 국제두루미재단이 생산한 식량은 기아선상에서 헤매는 사람과 가축의 먹이로 사라지기 바빴다. 결국 두루미들은 생존을 위해 오랜 삶의 터전을 버리고 탈북한 북한 주민들처럼, '탈북 엑소더스'를 감행한 것이다.

> 한반도에서 잘 먹고 가야 두루미가 겨울을 날 수 있는데, 두루미들이 이 기간에 제대로 먹질 못하고 있습니다. 특히 북한은 전 세계에 현존하는 두루미 15종 가운데 멸종 위기에 놓인 두루미와 재두루미가 겨울을 나는 아주 중요한 곳입니다.

1998년부터 두루미들은 철원에서 겨울을 나고 있다. 북한 안변 주민들은 '잘 살게 해주면 우리가 두루미를 보호하겠다' 라고 말했다.

국내 두루미 도래 현황

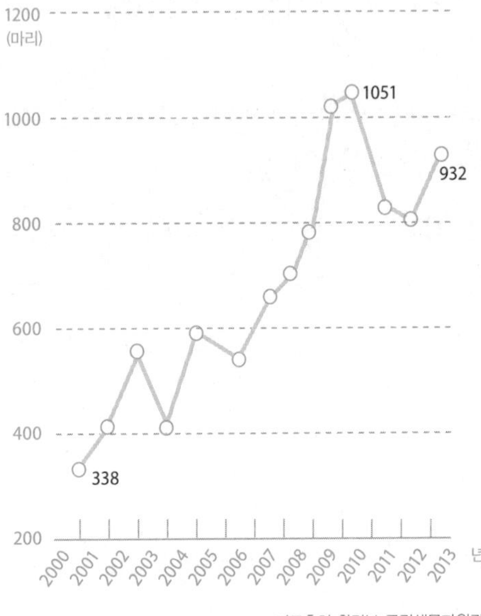

자료출처:환경부 국립생물자원관

국제두루미 재단 이사장이자 DMZ 포럼의 전 회장인 홀 힐리씨와 필자.

철원이 남한 최대의 겨울 철새 도래지인 건 맞지만 철새들에게는 최선의 월동지라고는 볼 수 없다. 그럼에도 불구하고 멸종위기에 몰린 새들이 철원으로 이동을 감행한 사실을 그저 '더 많은 철새를 볼 수 있게 되었다' 고 좋아만 할 일은 분명 아니다. 새들의 탈북행렬, 그것은 저 철책 너머 북한 땅에서 새들마저 떠나게 만든 심각한 일들이 벌어지고 있다는 의미이기 때문이다.

그동안 우리는 이 문제를 단순히 식량난의 차원에서만 바라보았다. 물론 직접적인 원인은 식량난 때문이다. 그러나 탈북자들을 인터뷰한 결과 전혀 뜻밖의 이야기들이 흘러나왔다.

개울에서 빨래하는 여인뒤로 멀리 민둥산이 보인다. 함경북도.

90년대부터 여름철 날씨가 정말 견디기 어려울 정도로 더워졌습니다. 어떤 때는 건물 밖으로 나갈 엄두가 안날 정도의 폭염이라서 아이들이 학교를 못간 건 물론이고 어른도 출근을 못한 경우가 있었습니다. 집단농장에서도 뙤약볕에서 일을 하다가 사람들이 픽픽 쓰러지곤 했습니다. 안 그래도 먹은 게 없는 데다가 뙤약볕에서 일을 하려니 몸이 견딜 수가 없지요. 그렇게 일을 했지만 작황이 형편없어서 겨울 내내 굶었습니다.

한국 환경정책평가연구원에서 탈북자들을 대상으로 북한에 거주하였을 당시 기후변화와 기상재해에 대해 인터뷰한 내용 중 일부다. 북한의 기후변화와 관련된 피해를 경험하였는지 여부를 물어본 결과, 응답자의 60%가 '그렇다' 고 답하였으며, '그렇지 않다' 가 29%, 무응답은 11%였다. 아래는 그 내용을 재구성한 것이다.

북한에서는 가뭄이 너무 오래 가면 왕가뭄이라고 해요. 왕가뭄이 들 때는 모를 두 번이나 심어도 농작물이 모두 말라 비틀어져서 죽곤 했습니다. 94-98년에 특히 왕가뭄이 심했죠. 그때는 강냉이도 쭉정이만 나올 만큼 농사가 안 됐어요. 관개시설이 없으니 비가 올 때까지 버티는 수 밖에 없는 거죠.

당시 40만 헥타르의 북한 전체 농경지에서 수확한 곡물은 30%나 줄었다. '고난의 행군' 이라 불리는 심각한 북한의 식량난은 그렇게 시작됐다. 2000년대에 들어서면서 홍수도 더욱 심각해졌다. 비만 오면 밭이 잠

2012년 안주시 홍수피해 현장. 한 주민이 돼지를 잡기 위해 안간힘을 쓰고 있다. AP통신.

기고 집이 떠내려갔다. 겨우 몸 하나 건진 주민들이 산꼭대기에서 발을 동동거리며 집과 가축, 밭의 농산물이 떠내려가는 걸 보고만 있어야 하는 상황인데 산사태가 이어졌다. 북한의 산사태는 공포 그 자체다. 산에서 흘러내려온 엄청난 양의 흙 때문에 논 한가운데 높은 둑이 생기는가 하면 집과 논 주변이 온통 발이 푹푹 빠지는 진흙으로 뒤덮인다. 어디가 집이고 길이고 논인지 몰라 헤매던 주민들은 그대로 굶어죽거나 난민으로 전락했다.

즉, 우리가 식량난으로 알고 있었던 재앙의 진원지는 바로 기상난동이었던 것이다. 물론 남한에도 예전에는 없던 대홍수와 무더위가 심심찮게 계속되고 있다. 우리라고 해서 기상 난동의 피해가 전혀 없는 것은 아니다. 그렇지만 같은 땅덩어리 안에 있는 우리에 비해 북한은 '재앙수준' 의 피해가 계속되고 있다. 그 원인은 무엇일까.

실체를 드러낸 기후 재앙의 진원지, 산림 황폐화

2011년 6월, 베를린에서 세계적인 핵문제 관련 NGO인 퍼그워시 Pugwach 주최한 회의가 열렸다. 당시 나는 지인의 초청으로 그 모임에 참석 중이었다. 노벨평화상을 수상한 퍼그워시는 비핵화에 기여하기 위한 세계적 핵전문가들의 모임이다. 일반인에게 비공개를 원칙으로 하기 때문에 국내에는 잘 알려져 있지 않지만, 매년 열리는 이 모임에는 정치 이념에 상관없이 모든 국가의 핵 관련자들과 전문가들이 모여 장벽 없는 토론을 하곤 한다.

당연히 북한은 고정참석자다. 이 때에도 북한에서는 차관급인 A 평화연구소 부소장을 비롯해서 B 국제문제연구소장, C 평화위원회 사무총장 등이 참석했다. 독일 주재 시리아 대사와 이스라엘 모사드 국장이 대놓고 으르렁거리며 싸우는 회의실 옆에서 그들은 북한이 왜 핵을 보유할 수밖에 없는지 설명하느라 진땀을 뺐다. 당시 그들의 태도는 우리가 일부 언론을 통해서 보던 호전적인 모습과는 사뭇 달랐는데 놀랍게도 그들은 내가 한국인이라는 것을 알고도 스스럼없이 식사를 같이 하자고 제안을 했고 며칠 사이 많은 얘기를 나누게 되었다.

그런데 그들의 그런 관심에는 이유가 있었다. 시간이 지나면서 그들은 내가 국제기구를 통해 세계 사막화와 이상기후 방지 활동을 하는 산림전문가라는 사실을 알고는 '북한 산림'을 살릴 방법이 없겠느냐는 말을 꺼냈다. 산림전문가들도 아닌 핵 담당자들에게서 산림에 관한 이야기가 나오자 놀라지 않을 수 없었다.

그들은 핵문제만큼이나 심각한 게 산림 황폐화라고 말하며 뭔가 대안을 주지 않으면 나를 놓아주지 않을 태세였다. 얼떨결에 잡힌 나는 탄소배출권과 백두대간의 세계 자연유산 등재 등의 방법을 통해 북한 산림을 살려보라는 말을 해주었다. 산림전문가들이 아니기에 구체적인 상황을 알 수는 없었지만 북한 산림으로 인해 심각한 일이 벌어지고 있다는 사실을 직감했다.

사실, 북한 산림 황폐화의 문제는 어제 오늘의 얘기가 아니다. 이미 20년 전부터 북한 산림 황폐화가 심각하다는 얘기가 떠돌고 있었다. 하지만 정치이슈와 핵 문제에 가로막혀 상세한 얘기를 들을 기회가 없었다. 그러던 나에게 북한 핵 관계자들의 입에서 나온 '북한산림'에 관한 이야기는 충격이 아닐 수가 없었다. 뭔가 우리가 알고 있는 것보다 더 심각한 일들이 벌어지고 있는 것이 분명했다.

산림학자로서 유엔의 사막화 방지 활동에 참여, 전 세계의 사막화 현장을 다니고 있는 나는 이미 오래전부터 한반도 북쪽에서 상상 이상의 빠른 속도로 사막화가 진행되고 있을 거라는 생각을 해오고 있었다. 하지만 북한이 체제의 치부를 드러내기를 극도로 꺼려하기 때문에 철저하게 현장을 은폐하고 있어서 어느 정도인지 확인할 길이 없어 안타까운 마음 뿐이었다. 그런데 그들이 한국의 산림학자인 나에게까지 도움을 요청한 것을 보면 결국 북한이 더 이상은 통제할 수 없는 지경에까지 이르게 된 것이 분명했다. 나는 마음이 급해졌다. 어떻게든 북한 산림 실태를 좀 더 구체적으로 알 수 있는 길을 찾아야 했다.

그런데 베를린에서 요긴한 정보를 준 사람이 있었다. 그는 바로 최후의 북한 주재 동독 대사를 지낸 한스 마레츠키씨였다. 퍼그워시 회의를 마친 뒤 지인과 함께 그의 집을 방문할 기회가 있었다. 그런데 그의 집 정원은 온통 북한 수목들로 가득했다. 남한에서는 물론 북한에서도 볼 수 없는 진귀한 북한의 수목들이 머나먼 유럽대륙 독일 포츠담의 어느 자그만 정원에서 녹음을 뿜어내고 있었다. 어찌된 영문인지를 몰라 말을 잃은 우리에게 한스 마레츠키씨는 상황을 설명해주었다.

그는 1986년부터 90년까지 북한 주재 대사를 지냈다. 동독이 무너지기 전, 마지막으로 파견한 북한 대사였다. 그는 북한 산림의 안타까운

북한 주재 마지막 동독대사인 마레츠키씨는 북한 산림의 참상을 말하며
하루빨리 막아야 한다고 호소했다.

상황을 지금도 생생하게 기억하고 있다.

> 북한의 산은 어딜 가나 황량하고 흉했습니다. 이미 80년대 후반부터 가는 곳마다 나무를 무단 벌채하는 장면을 목격하곤 했습니다. 곧 산림황폐화가 심각해지겠구나 짐작을 했었습니다. 지금 위성사진으로 보는 북한 산맥의 푸른 색들은 모두 관목입니다. 산림 전문가가 아닌 제 눈에도 북한의 산림훼손 정도는 세계 최악이었습니다. 그래서 그 나무들이 사라지기 전에 보호하려고 옮겨온 것입니다.

산림대국 독일에서 태어나 어렸을 때부터 나무와 숲의 소중함을 알고 자란 그는 사라져가는 북한 숲의 마지막 모습을 안타까운 심정으로 소상히 전해주었다. 그 덕에 은폐의 장막 속에 갇혀져 보이지 않던 북한 산림을 눈앞에서 생생하게 보는 듯 했고 한 가지 확신을 갖게 됐다. 그것은 '80년대 후반부터 북한의 산림이 심각하게 훼손됐다면 지금 북한을 식량 재앙으로 몰고 간 기후 재앙의 진원지는 다름아닌 북한 산림' 이라는 사실이다.

북한 산림학자들의 비명, 늦으면 복원도 불가능하다

베를린에서 돌아온 후 국내외의 다양한 채널을 통해 수소문을 하는 한편, 해외의 북한 환경 전문가들과 북한을 상대로 구호활동을 하고 있는 국제기구 사람들을 접촉하기 시작했다. 그 과정에서 북한 산림관련 프로젝트를 하고 있다는 태국 방콕 소재 유엔환경 프로그램 담당자를 만나게 됐다. 기대를 안고 만났지만 결과는 실망스러웠다. 그들이 하는 일은 북한 산림공무원을 불러 워크숍을 하는 게 전부였다. 그나마도 북한 산림 전문가들이 영어가 되질 않아 교육에 한계가 많다고 호소했다. 그러던 중 마침내 퍼그워시 회의에서 북한 핵 전문가들을 만난 지 두 달 후인 2011년 8월, 몽골의 국제회의에 참석했다가 북한의 정부관계자들을 만날 수 있었다.

북　조림사업 좀 도와 달라. 상황이 심각하다. 북한 산림을 이대로 두면 나중엔 복원자체가 불가능해질 수 있다. 남한은 산림복원에 성공했으니 우리 것도 충분히 할 수 있지 않을까.

남　뭘 도와주면 좋겠는가.

북　묘목, 농약, 조림 전문가 등 이루 말로 다 할 수 없을 만큼 필요한 것이 많다. 당신은 뭐가 필요한 지 다 알지 않나.

남　묘목은 지난 번에 주지 않았나.

북　그건 옛날에 다 말라 죽었다.

남　그럼 우리 조림 전문가가 직접 가서 조사하게 해 달라. 토질과 기후, 식생을 알아야 계획을 세우지 않겠나.

북　한국 사람이 주민들 근처에 못 오는 거 알지 않는가. 불가능하다. 안 되면 농약이라도 달라.

남　농약은 곤란하다. 일부에서 그걸 폭탄제조에 쓴다고 말한다.

북　우리가 그러는 게 아니다. 우리 의지와 상관없이 다 가져간다.

남　안타깝지만 농약은 안 된다.

북	그럼 백두대간을 세계자연유산에 등재하게 도와 달라. 제주도 등재 경험이 있으니 잘 알 거 아닌가.
남	그거 괜찮은 생각이다. 바로 통과될 거다. 백두대간 생태관광, 아주 좋다.
북	세계자연유산이 되면 외국 관광객도 몰려오고 외화벌이가 되면 산림복원을 당국에 요청할 명분이 생길 거다.
남	IUCN(세계자연보전연맹)총재와 상의하겠다.

그날 대화의 일부다. 그들은 양묘, 비료 및 다른 화학물질을 비롯한 물자지원, 조림과 사방공사를 위한 기술지원, 재정지원이 필요하며 특히 남한이 주도적으로 도와줬으면 좋겠다고 그 속내를 털어놓았다. 이유인 즉슨, 국제기구는 까다로울 뿐더러 말이 통하지 않는 고충이 있어 답답하다는 것이다. 이런 적극성은 솔직히 이들을 만나기 전까지는 전혀 상상도 못했었다.

2012 세계자연보전총회(WCC)에서 만난 아쇼크 코슬라 전 세계자연보전연맹(IUCN) 총재와 필자.

사실 6월에 퍼그워시 회의에서 만난 핵 관계자들에게 이미 나는 백두대간의 세계유산 등재에 관한 제안을 했고, 그 자리에서 세계자연보전연맹(IUCN)의 당시 총재인 아쇼크 코슬라 Ashok Khosla 박사에게 이메일을 보내 북한 방문을 요청했다. 코슬라 총재는 한 시간 만에 '어떤 일정이 있든 변경을 해서라도 평양을 방문하겠다' 는 답변을 보내왔다. 그는 연중 스케줄이 빽빽한 사람이다. 그럼에도 불구하고 평양을 방문하겠다고 약속을 해주자 그들은 적이 놀라는 눈치였다.

이후 북한의 환경보전전문가들은 백두대간을 세계자연유산으로 등재하기 위한 다양한 논의를 했다고 전해 듣고 있었다. IUCN은 세계자연유산의 등재에 결정적인 보고서를 작성하는 전문가 집단이다. IUCN이 관심을 보인다는 것은 그만큼 일이 성사될 가능성이 크다는 뜻이다. 그런데 나중에 들으니 그 일이 결국 흐지부지 되었다는 것이다. 국제사회를 상대해야 하는 만만치 않는 일이었던 만큼, 북한의 전문성과 자본이 부족했으리라는 게 나의 짐작이다.

2 북한 산림 황폐화 진행과정

1947년 문수봉에서 김일성 주석이 나무를 심고 있다. 북한은 이 사진을 북한산림 홍보책자 맨 앞장에 게재했다.

산림대국 북한의 초기 산림정책

국토의 70%가 울창한 산림인 북한은 세계적인 산림강국이었다. 북한 지역은 남한에 비해 지하자원도 풍부했지만 산림자원 역시 월등했다. 규모 면에서나 생태적인 면에서나 경쟁력 높고 활용가치가 뛰어난 산림을 국유화하기 위해 북한 정부는 정권 수립 직후부터 산림자원 관리에 착수했다.

1946년부터 산림 관리에 관한 행정적 조직 관리법 및 황폐화된 지역을 회복시키기 위한 규제조치를 실시했다. 또한 가뭄, 홍수로부터 농업 생산기반시설을 보호하기 위하여 조림과 토양 침식 제어 사업을 실시하고, 산간 지역의 식생회복 등 산림의 보호 육성을 위해 일년 정부예산의 20%를 쏟아부었다. 1949년부터는 4월을 나무를 심는 달로 정하고 전국적으로 주민들을 독려해 조림사업을 실시했다. 이는 장차 산업화의 기초를 세우고 주민들의 복지수준을 높이기 위한 방안이기도 했다.

화전개간은 원칙적으로 엄격히 금지되었다. 김일성은 화전 개간을 '무모하게 국가를 황폐화시키는 위험하고 무책임한 행동'이라 규정하고 처벌하겠다고 강조했다. 1960년대부터 국가 차원에서 매년 대규모 조림에 나섰다. 제 1차 7개년 경제개발계획(1961-1967년)기간 동안 800만 헥타르를 조림했고 1960년 말에는 산림 정책을 전담하는 산림청의 격을 높여 임업성을 발족시켰다.

하지만 1970년대에 들면서 북한의 경제가 하향 곡선을 긋기 시작했고, 임업성은 기능이 대폭 축소됐다. 제 2차 (1978~1984년) 경제개발계획 기간에 이루어진 조림 면적은 200만 헥타르에 그쳤다.

그런데 그 즈음, 전혀 예측하지 못했던 사건이 터졌다. 러시아가 돌연 북한에 약속했던 원전건설을 취소한 것이다. 원자력을 차기 산업동력으로 철석같이 기대하고 있었던 북한이 마땅한 방법을 찾지 못하고 있는 사이, 경제위기에 몰린 러시아가 붕괴하면서 매년 공급해주던 백만 톤 규모의 석유공급마저 중단됐다. 그때가 1980년대 말, 공산권의 붕괴와 함께 북한은 하루아침에 에너지 위기에 내몰리게 됐다.

이후 북한은 교통과 통신을 위한 연료 수급은 물론 기간산업에 필요한 동력 확보에 심각한 타격을 입게 됐고 주민들의 생활에 필요한 최소한의 연료공급이 사실상 중단됐다. 목재가 주민들의 기본적인 에너지원으로 변한 시기가 바로 이때다.

1993년 농촌지역의 땔감용 목재사용량은 약 250만㎥ 로, 3년 뒤에는 720만 ㎥으로 240% 증가했다. 연료공급 중단으로 기간산업이 위축되면서 산업용 통나무 생산도 급격히 늘었다. 연간 통나무 벌목규모 역시 1961년 290만 ㎥에서 2010년 750만 ㎥으로 250%나 증가했다.

그런데 이 즈음 북한의 산림훼손을 부채질한 결정적인 두 가지 실책이 있었다. 그 첫 번째는 1992년 산림법 개정으로 산림관리 권한이 지방정부로 넘어간 것이다. 산림 관리가 중앙 정부의 지원과 통제에서 멀어지면서 삼림 벌채는 더욱 가속화되었다.

두 번 째는 다락밭 조성사업이다. 러시아와의 우호적 교역이 중단되면서 산업이 위축되고 경제가 어려워지자 김일성은 식량을 증산하기 위해 나무를 베어내고 확보한 산간지역을 밭으로 개간하는 '다락밭 조성사업'을 벌였다. '산비탈을 다락밭으로 만드는 것은 알곡증산을 위한 중요한 방도의 하나'라는 김일성의 교시에 따라 매년 100~200헥타르의 다락밭이 탄생했다. 매년 같은 넓이의 산림이 사라진 것이다.

그런데 다락밭을 조성할 때 물매나 경사면의 안정화 조치를 제대로 하지 않아 토양침식이 심각했다. 곡식을 추수한 뒤 버려진 밭의 흙은 비가 조금만 와도 쓸려 내려갔고 산 아래로 밀려 내려온 토사는 하천에 고스란히 가라앉았다. 결국 장마철이 되면 어김없이 하천은 범람했고 토양을 잃은 논에선 곡식들이 제대로 자라지 못하는 왕가뭄이 계속됐다. 그러다가 1991년 대홍수를 당했다. 지구 온난화로 인해 지구촌 곳곳에서 기상 난동이 시작됐던 그 무렵, 역대 강수량 기록을 갈아치우는

김일성 주석이 농촌 순시를 하며 흡족한 표정을 짓고 있다. ⓒIUCN

2012년 7월 30일 안주시는 폭우로 1000 채 가구와 2300 헥타르 농경지가 유실됐다. AP통신.

대홍수 한 번에 북한 전역이 초토화됐다. 도로와 철도는 물론 가옥 수만 호와 댐이 휩쓸려 내려갔고 수백 개의 교량이 무너졌다. 애써 키워놓은 곡식도 그대로 쓸려 내려갔다. 그 해 겨울 수많은 사람들과 어린 아이들이 굶주림과 추위로 목숨을 잃었다. 그런데 그것으로 끝이 아니었다. 경제위기를 장기적 안목으로 해결하려 하지 않고 산림훼손이라는 임시방편으로 해결하려 했던 북한의 선택. 그 뒤에는 10여 년 간 수백만을 죽음으로 몰고 간 '고난의 행군'이라 불리는 식량 재앙이 기다리고 있었다.

산림을 잃은 북한, 모든 것을 잃다

홍수는 사회기반시설을 파괴하고 주민들의 후생 수준을 저하시키는 환경적, 사회적 재난을 발생시킬 뿐 아니라 결정적으로 농업 및 식량 생산에 치명적인 피해를 가져온다. 1995년 7월과 8월에 일어난 홍수는 40만 헥타르에 달하는 경작지를 덮쳤고 그 바람에 곡물 생산량은 연간 평균의 30%를 겨우 넘었다. 당시 경작지 피해는 9억 7500만 달러(약 1조 1천억 원)에 육박했다.

1996년에도 홍수가 반복되었고 1997년에는 왕가뭄과 해일이 발생했다. 당시 북한의 조선중앙텔레비전은 최대 식량 저장고가 평상시의 10-20% 이하 수준이며 620개의 작은 저장고들은 거의 다 비었다고 보도했다.

국제사회로부터 긴급지원을 받았음에도 불구하고 만성적인 식량난이 계속되자 굶어죽는 사람들이 속출했다. 탈북자들은 1990년대 북한에서 굶어죽은 사람이 적게는 수십 만 많으면 수백 만에 이를 것이라 증언했

2012년 폭우와 청천강의 범람으로 안주시는 80% 이상이 물에 잠겼으며 1만 명이 넘는 이재민이 발생했다. AP통신.

다. 국정원도 1995~98년의 4년간 북한에서 300만 명이 굶어죽었다고 발표한 바 있다.

굶주린 북한 주민들은 먹을 것을 얻기 위해 산으로 이동했다. 나무 뿌리로 목숨을 연명하고 겨울을 날 땔감이 필요한 주민들의 삼림 벌채는 그 누구도 막을 수 없는 상황이 됐다.

그런데 1997년 대홍수 때 비슷한 양의 비가 내렸던 한국은 큰 인명피해가 없이 무사히 넘어갔다. 그런데 당시 북한은 700명이 홍수로 인해

북한 전역 어디를 가도 촌락이 있는 뒷산은 다락밭으로 개간되어 민둥산이 되었다.

목숨을 잃고 1200명의 이재민이 생겨났다.

그 사건은 북한 수뇌부로 하여금 '북한의 홍수가 자연 재해가 아닌 인재'이자 '정부의 거버넌스 및 경제 정책의 실패'이며 '산림황폐화의 폐해를 가볍게 보고 무계획적으로 단기적인 생존 전략 방식을 시행한 결과'라는 중요한 사실을 깨닫게 했다.

1998년, 뒤늦게 산림보호의 중요성을 절감한 북한은 국토환경보호성을 설립해 산림 관리 권한을 다시 중앙정부로 가져왔다. 그리고 지방마다 산림담당자들을 배치하여 조림과 산림 보호 관리, 산불 관리, 그리고 산불 관리자 교육을 실시했다. 당시 각 지역마다 나무의 영양을 관리하는 30-40명의 전문가들이 있었고 주민들에겐 조림과 산림 보호 교육이 실시됐다.

그러나 심각하게 훼손된 북한 산림은 회복이 불가능한 상태가 되어버린 뒤였다. '자력갱생이 원칙'인 북한은 내부적으로 산림 복원을 위해 노력을 하였으나, 90년대 이후 연속된 자연 재해로 사회 기반시설이 심각하게 파괴되어 산림을 지킬 경제적, 사회적 힘을 잃고 말았다. 무엇보다 오랜 굶주림에 시달려온 주민들에게 '나무를 보호하라'는 정부의 지시나 요구가 더 이상 먹히지 않았다.

북한 산림이 이렇게까지 된 데에는 단기적인 경제적 이익과 편리함을 우선시하며 산림의 장기적, 환경적, 미래적 가치를 미처 인식하지 못한 것이 결정적인 원인을 제공했다. 그래서 북한의 산림정책은 사회경제적 상황에 따라 늘 우선순위에서 밀렸다. 때문에 산림보다 식량 확보를 위한 토지 개간이 우선이었고 외화벌이를 위한 목재 생산이 우선이었던 것이다.

탈북자들이 증언하는 북한 에너지 재앙의 실태

그런 상황에서 북한 주민들은 어떻게 살았을까. 에너지경제연구원의 김경술, 신정수 연구원은 탈북자들을 상대로 당시 북한의 에너지 위기 실상을 조사했다.

이 조사에 따르면 북한 전체 인구 가운데 전기를 사용하는 사람은 26%로, 세계 평균 83%와는 비교도 할 수 없는 격차를 보였고 저소득국

지역별 연료 조달 방식 비교

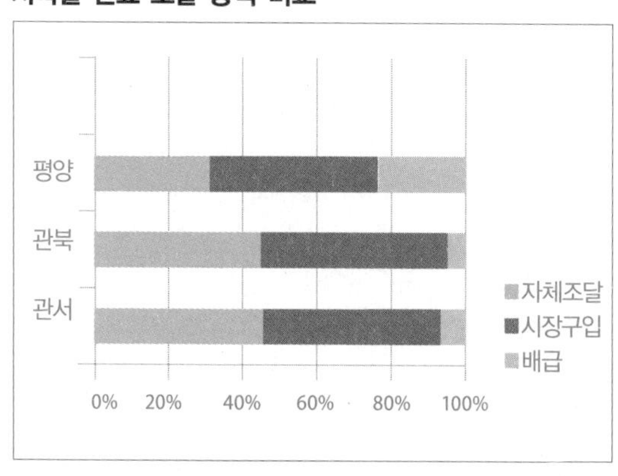

관서지방–황해도, 평안도, 자강도
관북지방–강원도, 함경도, 양강도

자료출처:에너지경제연구원

가의 평균인 32%보다도 낮았다. 북한의 전기 사정이 얼마나 열악한지를 보여주고 있다.

석유, 천연가스 같은 연료를 사용하는 사람의 세계 평균이 59%인데 반해 북한은 겨우 9%에 불과했다. 즉 북한 인구 91%에 해당하는 2천 220만 명이 나무와 석탄, 동물 배설물을 에너지로 사용하고 있는 실정이다.

지역적으로는 평양일대를 제외하고는 지역의 연료배급체제가 사실상 붕괴된 것으로 추정된다. 평양을 제외하면 전기가 들어오지 않는 지역이 대부분이며 그나마 전기가 공급되는 곳에서도 실제로 전기를 사용할 수 있는 가용 시간이 하루 2시간 남짓에 불과하다.

모든 지방에서 시장을 통해 에너지를 구입하는 비율이 가장 높았고 자체 조달도 40% 선을 상회하고 있다. 석탄의 공급도 제한적이며 동물 배설물을 퇴비로 사용해야 하는 현실이기 때문에 어쩔 수 없이 북한의 대다수 가정에선 산에 널린 나무를 베어다가 난방과 취사를 할 수 밖에 없다. 그 결과, 석탄 배급이 중단된 지 대략 18-20년 정도가 지난 최근에는 주민 거주지 인근에 땔감 나무를 채취할 수 있는 지역은 거의 사라졌다고 한다. 탈북자의 증언에 따르면 북한 주민들의 가장 중요한 월동준비는 땔감을 마련하는 일이라고 한다.

이러한 실정은 국제적인 조사에서도 입증되고 있다. 세계은행은 북한

북강원도 원산 근교. 뒤에 보이는 산 전체가 민둥산이다.

이, '전기공급상태가 가장 취약한 20개국'에 포함된다고 발표한 바 있다. 이 보고서에 따르면 북한의 주민들은 인도, 방글라데시, 나이지리아 등에 이어 13번째로 전기 사용율이 낮은 것으로 나타났다.

북한의 심각한 에너지 상황은 위성사진을 통해서 보아도 확연하게 드러나고 있다. 하늘에서 바라보면 북한은 불빛 하나 보이지 않는 암흑천지다. 전력난이 심각한 북한의 일반 가정에서 전기불이 사라진 지는 이미 오래됐다. 탈북자들을 대상으로 조사를 한 결과, 북한의 민간에서 소비되는 에너지의 약 80%를 주민 스스로 조달하고 있는 것으로 나타났다. 그 에너지란 곧 산에서 무단 벌채한 나무다. 사람들의 발이 닿을 수 있는 곳에는 이미 오래 전에 아름드리나무들이 사라졌다.

2011년 4월에는 엄청난 산불이 있었다. 평안도 북부의 신규미사일 발사 시설 근처도 산불 발생의 증거가 보이는데 화염이 미국 NASA 인공위성사진에 명확히 잡힐 정도였다. 인공위성을 통해 보면 북한에서 심각한 규모의 산불이 매년 발생하고 있다는데 이상한 것은 주민들은 산불이 나도 끄지 않는다는 것이었다. 그들은 산불을 '하늘이 준 선물'이라 여기기 때문이다. 그도 그럴 것이, 식량배급이 턱없이 줄어든 상황에 그나마 인근 야산에 고구마와 채소를 키워서 먹거리를 조달하던 주민들

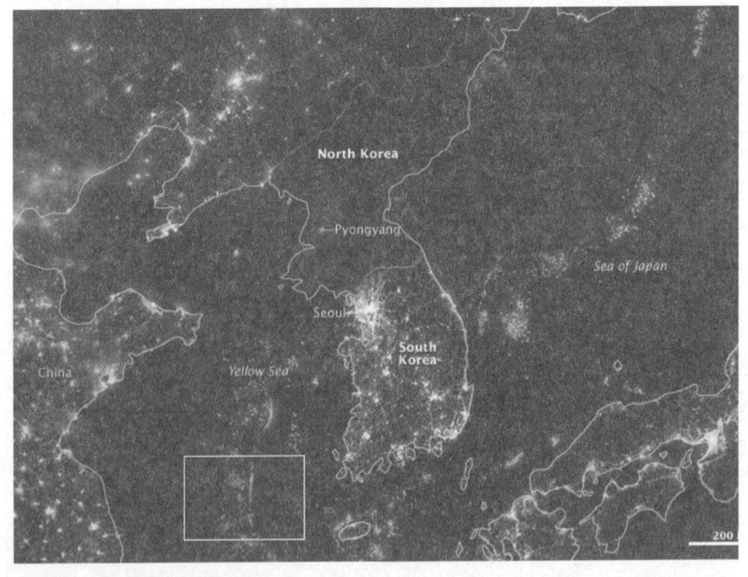

2012년 9월 24일 위성사진에 찍힌 북한. 마치 북한만 정전된 것처럼 깜깜하다. 자료출처:나사(NASA)

은 자기 손으로 불을 놓을 수는 없어도 산불이 나면 애써 끌 이유는 전혀 없다. 나무가 불타 없어지면 밭이 생기기 때문이다.

탈북자, 그들은 기아 난민 아닌 환경 난민이었다

1987년 1월 15일, 북한 청진의대병원 의사인 김 만철씨는 11명의 일가를 끌고 청진항에서 50톤급 청진호를 타고 북한을 탈출했다. 그와 그의 가족은 일본, 타이완을 거쳐 25일 만인 2월 8일 한국에 오는데 성공함으로서 세계적인 관심을 끌었다. 그것은 온 가족이 함께 북한을 탈출한 첫 번 째 사례이자 단일 귀순 케이스로는 가장 많은 11명이었기 때문이

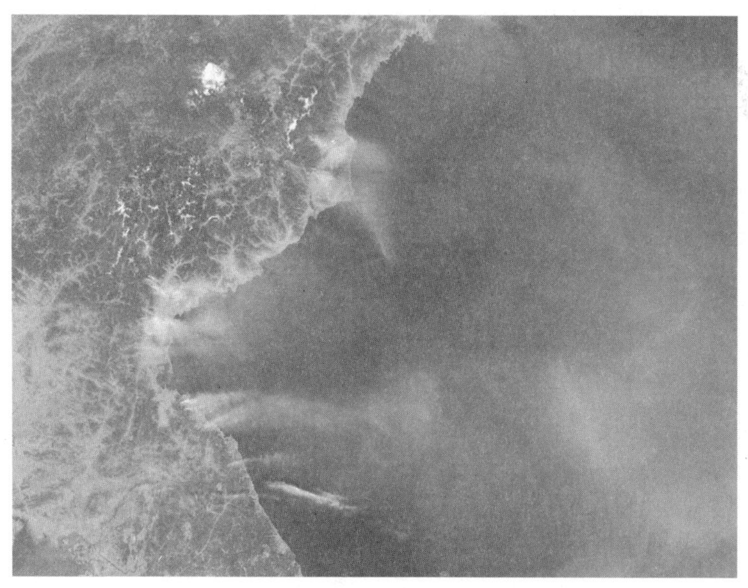

우주에서도 보이는 북한의 산불. 백두대간 수십 곳이 한순간에 잿더미가 됐다. 자료출처:나사(NASA)

다. 당시 사람들의 가장 큰 의문은 '대체 북한에 무슨 일이 일어나고 있기에 일가족이 목숨을 건 탈출을 시도한 것일까' 였다.

북한 전문가들과 학계는 탈북의 성격이 정치적 망명에서 경제 난민으로 바뀌는 전환점을 1987년 김 만철 일가의 귀순으로 본다. 그러나 최후의 북한 동독대사였던 한스 마레츠키 씨의 증언을 비롯해 북한 산림 황폐화 과정을 비교 분석해 볼 때, 이들은 단순한 기아 난민이 아니라 '환경 난민' 일 가능성이 높다.

김 만철씨 일가가 탈출했던 1980년대 말 즈음만 해도 위험을 무릅쓰고 탈출을 하느니 내년 농사가 잘 되기를 기대했던 주민들이 많았다. 하지만, 시간이 갈수록 식량 사정이 더욱 악화되자 견디다 못한 주민들은 1990년대 중후반부터 '목숨을 건 탈북 행렬' 에 올랐다. 한국전쟁 이후 매년 10명 내외였던 탈북자는 1990년 이후 규모가 급격하게 증가했다. 이는 북한의 잇따른 홍수와 가뭄, 기상재해로 '고난의 행군' 이 시작된 때와 정확하게 맞물린다. 즉, 굶주림을 견디다 못한 북한 주민의 탈북행렬은 기상 재해 규모와 횟수와 비례하여 늘어났던 것이다.

현재로선 정치적인 문제와 DMZ 등 접근성의 한계로 북한이탈주민이 직접 한국으로 몰리고 있지는 않다. 그래서 우리는 중국과 동남아로 눈물겨운 탈출을 감행하는 북한이탈주민의 끔찍한 인권상황을 뉴스를 통해 접하며 가슴 아파할 뿐 그 심각성과 긴급함은 전혀 느끼지 못하고 있다.

또한 장기적으로 북한주민의 이탈이 급증할 것이란 사실을 감안하면 탈북자에 대한 중국 정부의 '매정한' 조치도 일리가 없는 것은 아니다. 중국 정부는 탈북자를 불법월경자로 규정하고 이들을 북한으로 돌려보내는 게 원칙이다. 그런데도 중국으로 넘어오는 탈북자들은 줄어들지 않고 있다.

국제사회는 북한이탈주민의 인권보호와 송환방지를 위해 중국 거주 북한이탈주민에 대한 난민인정을 요구하고 있으나 중국정부는 이들이 난민협약의 난민 개념에 포함되지 않는 식량난에 따른 경제적 이주자이기에 중국과 북한 사이에 난민문제는 없다는 자세를 일관하고 있다.

중국이 북한이탈주민을 난민으로 인정하지 않는 이유 중 하나는, 북한 정권 붕괴 후 북한주민의 대규모 엑소더스를 우려하고 있기 때문이다. 북한이 육지로 가장 많이 접해있는 국경지역은 중국이다. 북한 주민들이 중국으로 몰려오면, 중국은 그대로 떠안을 수 밖에 없기 때문이다.

한국으로 이주한 북한 주민의 수가 100명을 넘긴 것은 한국전쟁 이후 40년이나 지난 1990년 무렵이었다. 그런데 그로부터 겨우 10년이 지난 2000년대에 3천 명을 넘어섰고 2007년초 1만 명을 넘어섰다. 지금은 한국에 살고 있는 탈북자만 3만 명이 넘는다. 중국 등 제 3국에도 약 10만 명의 탈북자들이 살고 있다. 지금 북한에선 우리가 체감하는 것보다 훨씬 빠르게, 그리고 갈수록 대규모의 '기후 엑소더스'가 일어나고 있다.

3 2014년 봄, 북한 산림 실태보고서

매년 축구장 13만개 면적의 산림이 사라지고 있다

북한에서는 지금 매년 평양시 크기의 산림이 사라지고 있습니다. 축구장 13만개 크기의 산림이 사라지고 있는 것입니다.

지난해 3월 세계 산림의 날을 맞아 FAO가 발표한 내용이다. 이런 속도로 지난 1990년부터 20년간 북한 산림 전체의 32.4%가 사라졌다. 국립산림과학원이 최근 평양, 개성, 양강도, 혜산, 황해도 봉산 지역 등 북한의 도시와 농촌지역 다섯 곳의 위성사진을 연도별로 비교한 결과도 심각했다. 이 다섯 지역의 산림 가운데 거의 절반에 가까운 49.3%가 민둥산으로 변했다. 도시와 농촌의 구분 없이 산림 훼손이 매우 심각했고 인구가 밀집한 지역일수록 황폐화 속도가 빠르게 진행되고 있다는 사실이 확인됐다.

최초의 한반도 산림조사 자료는 1972-73년 사이 유엔 FAO에 의해 작

2008년

2012년

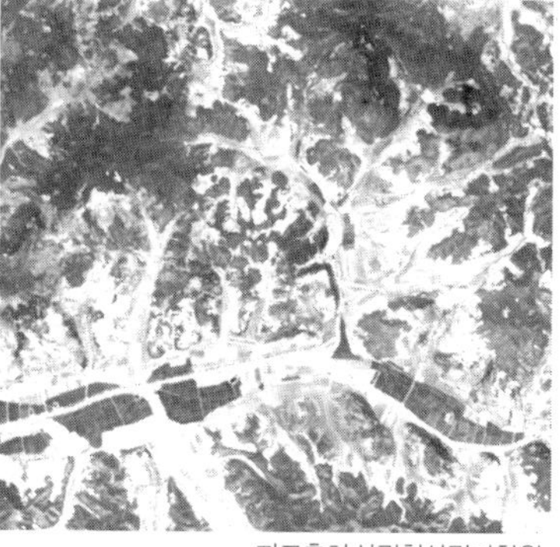

평양지역의 산림훼손 확산

자료출처:산림청산림과학원

성되었고 1990년부터는 5년마다 FAO에 보고서를 제출하도록 되어 있다. 한국은 물론 북한도 여기에 참여하고 있는데 이들 자료에 따르면 1976년에서 1990년 사이에 북한의 산림이 감소하기 시작해서 1990년대 이후에는 감소하는 속도가 더 빨라졌음이 드러났다.

북한 전체 면적 중 산림이 차지하는 면적도 빠르게 줄어들고 있다. 1990년에는 68%였던 것이 15년후인 2005년에는 51%로 줄었다. 그런데 그로부터 불과 5년 뒤인 2010년, 산림은 전체 면적의 47%에 불과했다.

즉, 20여 년 간 21%, 20년간 평균적으로 연간 1%의 산림이 감소했는데

북한의 산림면적

(단위: 천 ha)

구분	1976	1990	2000	2005	2010
산림면적	8,970*	8,201	6,821	6,187	5,666
국토대비면적(%)	74.4%	68.0%	56.6%	51.3%	47.0%

자료출처: 세계은행, 2011

이는 북한 전체 면적의 5분의 1, 북한 산림 면적의 3분의 1에 해당하는 산림이 사라졌다는 의미다. 훼손된 산림 면적은 260헥타르. 서울시 면적의 약 50배에 이르고, 지금도 매년 서울시 면적의 두 배 정도 규모(평양시 크기)의 북한 산림이 사라지고 있는 것이다.

독일환경단체 저먼 워치 German Watch에서 발표한 '전 세계 기후취약국가 2013' 보고서에 따르면 북한은 기후 위기에 취약한 국가 순위 7위다. 때문에 똑같은 집중호우가 내려도 남한은 강남대로가 침수되는 정도이지만 북한은 홍수가 나서 수백 명이 목숨을 잃는 사태가 벌어지고 있다.

미국의 민간단체인 세계자원연구소(WRI)도 위성사진 관찰결과를 바탕으로 지난 15년간 북한에서 사라진 산림 면적이 새로 조성된 산림의

세계 기후 취약국가 2012

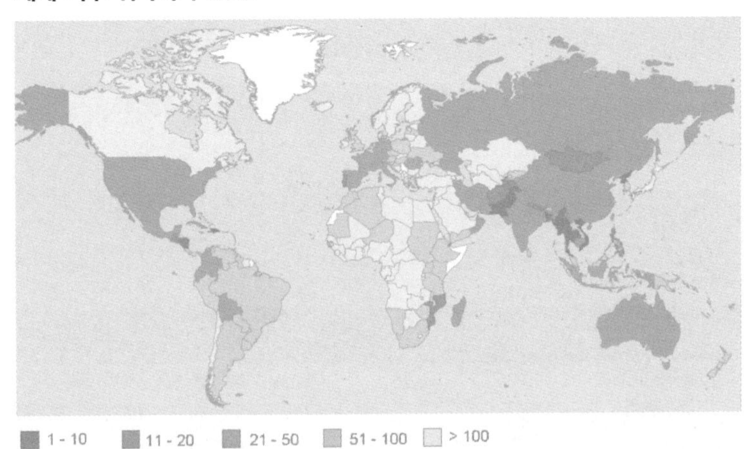

자료출처:저먼워치|German watch, 2012

10배가 넘으며 그로 인한 북한내 홍수 피해 지역도 거의 북한의 전 내륙 지역으로 확산되고 있다고 밝혔다.

국립산림과학원은 최근 북한 5개 지역의 산림 가운데 49.3%가 황폐지라고 발표한 바 있다. 이는 2008년 북한 전역을 조사한 결과에서 나온 산림 황폐화 비율(32%)보다 크게 높아진 수치다. 김정일 북한 국방위원장이 사망하기 약 7개월 전인 2011년 4월 27일 당, 국가경제기관, 근로단체 대표들에게 '식목과 산림 보호'를 강조할 만큼 당국 차원에서 관심을 썼으나 제대로 성과를 못 냈다는 반증이다.

국제기구들이 조사한 바에 의하면 지난 30년간 북한의 자연재해 중

전 세계 10대 기후 취약 국가의 1992-2011년간 재해실태

취약순위 (전년도순위)	국가	취약지수	사망자수	인구 10만명중 사망자수	총 피해액 (백만달러)	GDP대비 피해액 비율	자연재해 발생건수
1(3)	온두라스	10.83	329.25	4.96	679	2.84	60
2(2)	미얀마	11.00	7,137.25	13.79	640	1.41	37
3(4)	니카라과	18.50	160.0	2.82	223	1.89	44
4(1)	방글라데시	20.83	824.4	0.58	1,721	1.18	247
5(5)	아이티	21.17	301.1	3.43	148	1.08	54
6(6)	베트남	23.67	433.15	0.55	1,741	1.06	214
7(9)	북한	26.00	76.65	0.33	3,188	7.64	37
8(8)	파키스탄	30.50	545.9	0.38	2,183	0.73	141
9(55)	태국	31.17	160.4	0.26	5,413	1.38	182
10(7)	도미니카공화국	31.33	211.6	2.47	185	0.35	49

자료출처:저먼워치 German watch, 2013

북한지역 홍수분포도

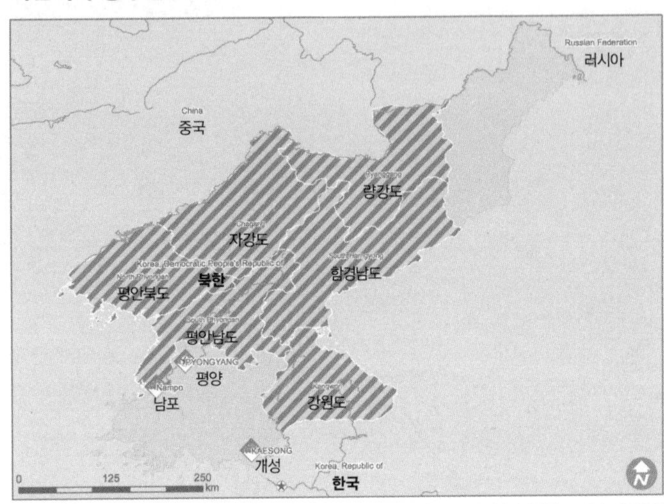

자료출처 : 국제적십자사연맹 2010년 8월 27일

북한의 홍수피해

년	기간	피해지역	피해사항
2004	7.1-7.25	황남,황북,평남, 강원,양강	100,000헥타르 농경지 범람 도로, 전기설비 파괴
2005	6.30-8.04	평양,평남, 평북,함남	500명 사망 혹은 실종 14,000채 가옥 손실
2006	7.10-7.16	황남,황북,평남, 강원,함남	150명 사망 혹은 실종 2,700헥타르 농경지 범람 500채 가옥 손실 400km 도로 파괴
2007	8.07-8.18	평양,황남,황북, 평남,평북,강원,함남	454명 사망, 156명 실종, 4,351명 부상, 24만채 가옥 손실 20만 헥타르 농경지 범람
2010	8.07-8.21	황남,함남,평남,평북	1000채 가옥 손실 14,850헥타르 농경지 범람

자료출처 : 국제적십자사연맹

홍수와 폭풍에 의한 누적 피해액은 2백 3십억 달러(약 24조 원), 누적 사망자 수는 1700여 명, 누적 피해자수는 천백만 명에 이른다. 가뭄에 따른 식량부족으로 목숨을 잃은 사람의 수는 일일이 집계를 할 수도 없는 상황이다.

산림 재앙, 북한을 무정부 상태로 만들고 있다

에너지난에서 비롯된 북한산림 훼손은 단순히 사람이 죽거나 주민이 이탈하는 선에서 그치지 않고 더욱 심각한 상황으로 확산되고 있다.

지인 중에 북한을 자주 들락거리는 외국인이 있다. 그는 무슨 복을 타고 났는지 우리는 접근조차 할 수 없는 북한 땅을 어디든 자기 마음대로 자유롭게 오갈 수 있는 사람이다. 그가 얼마 전 한국을 방문해 최근 북한에서 겪었던 일을 들려주었다.

당시 그는 청진을 가기 위해 평양에서 출발하는 기차를 탔다고 한다. 그는 신분상 북한 수뇌부의 특별대우를 받는 사람이기에 가고 싶은 곳은 어디든 승용차로 편안하게 오갈 수 있었다. 하지만 그는 북한의 실상을 조금이라도 더 가까이 느끼고 싶어서 기차를 선택했다.

그렇게 평양역에서 기차를 탔는데 아무도 청진역 도착시간을 말해주지 않는 거였다. 평양에서 청진까지의 거리는 600킬로미터. 서울에서 부산가는 거리보다 약 150킬로미터 정도 더 멀다. 그가 탄 열차는 급행인데다 먹을 것과 비서까지 딸린 최고급 열차였다. 아침에 출발하면 늦어도 저녁까지는 도착할 게 뻔한 데 아무도 대답을 못하는 게 이상했다. 결국 그 간단한 정보를 듣지 못한 채 기차가 출발했다.

그런데 출발한 지 얼마 되지 않아 의문이 하나씩 풀리기 시작했다. 명색이 급행열차인데 속도는 시속 30킬로 남짓. 달리는 것인지 미끄러지는 것인지 구분이 안 갈 정도였다. 이 속도로 달리면 청진까지 가는데 20시간이 넘게 걸릴 게 분명했고 그랬다간 청진에서 돌아오는 일정에도 차질이 생겨 자기 나라로 돌아가는 비행기를 놓칠 가능성도 있었다. 그래서

폭우로 완전히 망가진 철로와 다리. 2012년 평안남도 온천군에 내린 폭우로 90명이 사망하고 6만 명의 이재민이 발생했다. AP통신

좀 빨리 갈 수 없느냐고 물었지만 너무 빨리 달리면 철도가 오래되어 탈선하기 쉽기 때문이라고 얼버무리더라는 것이다.

하긴 안정된 전기를 공급할 수 없으니 속도를 낼 수 없음을 그도 미루어 짐작하는 터라 더 이상 묻지 않고 창밖 풍경을 보고 있는데 뜻밖의 상황이 벌어졌다. 평양을 벗어났다 싶은 순간, 기차가 어느 역에 멈춰서더니 가질 않았다. 무슨 일인가 하여 내다보니 그가 탄 객차만 덩그라니 남겨놓고는 기관사가 나머지 화물차량들을 끌고는 어디론가 가고 있는 게 아닌가.

사연을 알고 보니 도의 경계를 넘어갈 때마다 그 도를 장악한 군부 사령관들이 기관차와 화물차량을 빼앗아가서 자기 관내에서 급히 이동해야 할 화물을 나르고는 다시 돌려준다는 것이었다. 사연인즉슨, 심각한 에너지난으로 인해 자체에서는 전기를 쓸 수가 없기 때문에 전기 사용이 합법적으로 허용된 중앙 정부의 기차를 탈취해서 자기 지방정부의 급한 물자를 유통시킨다는 것이었다.

그런데 그런 일이 한 번으로 끝나지 않았다. 각 도에 진입할 때마다 기관차는 그 도를 장악하는 사령관의 소유로 변했다. 그나마 기관차를 실컷 쓰고 돌려주는 게 천만다행이었다. 결국 그렇게 가다 서다를 반복하며 기차는 평약역을 출발한 지 하루 반 만에 청진에 도착했다. 그는 그제서야 열차의 도착예정시간이 없는 이유를 알게 되었다. 북한의 에너지난은 국가 최고 통치자의 특별통행증마저 무용지물로 만들어버릴 만큼 심각했던 것이다.

돌아오는 길에는 더 기가 막힌 상황이 벌어졌다. 가는 데 하루 반이 걸렸으니 결국 다시 기차 안에서 밤을 지내야 하는 지경이 되었고 출국 비행기 스케줄에 문제가 생겼다. 속수무책으로 기차 안에서 발을 동동 구르고 있는데 다음날 아침 일찍 승용차 한 대가 나타났다. 그의 지인인 당 간부가 사람을 시켜 그를 데려오게 한 것이다.

그런데 전날 저녁 5시에 출발한 그들은 밤새 꼬박 달려 청진에 도착했다고 한다. 이유를 들어보니 역과 역 사이에 전화선이 끊긴 곳이 많아 그가 탄 기 차가 어느 역에 있는지를 알 수가 없었고 하는 수 없이 역마다 들려서 기차가 지나갔는지를 확인하면서 오느라고 새벽에야 도착했다는 것이다. 국가교통의 핫라인인 철도역 사이에 긴급 전화 연락도 불가능한 상황. 그것이 불과 극한점에 이른 북한 에너지 위기의 현실이었다.

그는 북한의 에너지 위기가 단순히 당 지도부와 군부만 갈라놓은 것이 아니라 북한 전체를 무정부 상태로 몰아가고 있다고 보고 있다. 중앙당 지도부가 있는 평양을 제외한 전 지역은 군이 장악하고 있다. 당연히 그 지역을 지배하는 건 당이 아닌 군이다. 식량과 에너지를 공급하지 못하는 정부는 산림만 잃은 것이 아니라 이미 군과 주민들의 신뢰를 잃은 지 오래다. 그는 북한 산림을 이대로 방치할 경우, 북한이 얼마나 체제를 더 유지할 수 있을지 아무도 장담할 수 없는 상황이라고 조심스럽게 예견했다.

죽어가는 북한 산림, 한반도를 사막화하고 있다

최근 북한을 방문한 몽골 국립대학의 바타르빌레그 교수는 앞으로 더 심각한 가뭄과 홍수가 반복될 것이라고 예측했다. 국제적십자사도 북한의 반복되는 기상피해 상황을 '재난수준' 이라고 선포했다.

그런데 이러한 북한의 상황을 좀 더 통합적 시각으로 진단한 학자들이 있다. 최근 생태복원 세미나 참석 차 평양을 방문한 메릴랜드 대학의 마가렛 팔머 박사는 뉴욕 타임스와의 인터뷰에서 '북한 산림 재앙의 핵은 악순환' 이라고 언급했다. 러시아인이자 북한의 환경문제 전문가 중 한사람인 서울대 산림과학부 빅터 테플리아코프 교수도 같은 시각이다. 특히 북한의 기후 재앙의 현장을 목격한 테플리아코프 교수는 북한 산림이 다음과 같은 피할 수 없는 악순환의 늪에 빠져있다고 결론지었다.

빅터 테플리아코프 교수와 필자.

산사태⇒농지손실⇒토지황폐화⇒가뭄⇒식량난⇒산림 훼손⇒산사태

이 악순환 속에서 북한 산림은 이미 기후변화 적응력이 떨어진 지 오래다. 스스로 회복할 능력을 상실한 산림을 살리는 방법은 인공적인 조림 외에는 없다. 하지만, 문제는 북한 정부가 자연과 산림을 관리할 수 있는 재정적 기술적 능력이 없다는 사실이다.

테플리아코프 교수가 주목하고 있는 또 하나의 사실은 여름마다 반복되고 있는 북한의 홍수가 재앙의 시작에 불과하다는 점이다. 그가 염려하는 북한 산림재앙의 끝은 한반도의 사막화다. 암석이 자연 풍화에 의해 약 1㎝ 두께의 토양으로 변하는 데는 100년 이상의 시간이 걸린다. 그런데 홍수는 그 수 십 배 혹은 수 백 배 두께로 형성된 토양을 순식간

황폐한 들녘의 주민들. 사진의 뒤에 있는 민둥산에는 나무 한 그루 없다.

에 파괴하고 경작 능력을 잃어버린 땅에서는 앙상한 관목 외에는 아무것도 자랄 수가 없게 되는데 그 곳이 바로 '사막' 이다. 북한 산림 재앙은 지금, 반복되는 가뭄과 홍수, 그리고 산사태를 통해 한반도 사막화로 확산되고 있다.

실제로 최근 북한의 에너지 재앙의 악순환이 아프리카 등 사막화가 진행되고 있는 지역에서 나타나는 현상과 매우 유사하다. 끝도 없이 펼쳐진 뜨거운 사막을 헤매며 온 가족이 취사용 연료를 구하기 위해 하루 종일 헤매는 광경이 지금 지금 북한 전역에서 벌어지고 있다. 에너지 난에서 비롯된 북한 산림 황폐화는 결국 끊을 수 없는 재앙의 악순환을 불러오고 이제는 한국마저 위협하는 한반도 사막화의 상황으로 치닫고 있는 것이다.

가상시나리오 : 북한 산림 황폐화와 2020년 한반도

……북한은 식량생산이 해마다 꾸준히 줄어 마침내 바닥에 이르렀고 이 기근이 막바지에 이른 2020년 4월 북한 정권이 갑자기 붕괴했다. 몇 년째 이어진 기근으로 북한 주민은 더는 중앙권력의 명령을 듣지 않고 저마다 살길을 찾아 나섰다. 휴전선 인접 지역 주민을 비롯해 대량의 북한 주민들은 걸어서 한국으로 넘어와 도움을 청했다. 한국은 북한의 가장 먼 지역까지 식량과 연료를 지원했다.

> 북한의 사회 기반이 완전히 무너진 탓에 어느 지역에서도 식량을 재배할 수 없다. 이제 한국 인구 5천만 명은 굶어 죽다시피 하는 북한 주민 2천 500만 명을 먹여 살려야 한다. 북한을 21세기로 끌어내려는 20년에 걸친 노력이 시작된 셈이다.
>
> 1990년에 통일을 이룬 독일이 그랬듯 통일 비용은 예상을 뛰어넘었다. 그러나 독일에서는 서독 사람 셋이 동독 사람 하나를 먹여 살렸다면, 한국에서는 남한 사람 둘이 북한 사람 한 명을 먹여 살려야 한다. 동독은 비록 공산정권 아래 경제가 망가졌다 해도 높은 생활수준과 우수한 교육제도를 갖춘 현대 산업사회였던 반면에, 북한은 사회 기반 시설이 거의 없다시피 해 처음부터 다시 시작해야 한다.......

국제 안보전문가이자 군사지정학자인 귄 다이어 Gwynne Dyer가 저서 『기후대전Climate Wars』에서 북한의 붕괴를 가정한 시나리오다. 그의 예측에 따르면 북한 정권의 몰락을 가져온 것은 내부 쿠데타도 외부와의 전쟁도 아닌 기후 변화에 따른 기근이다. 저자는 기후변화가 환경의 영역을 넘어 정치, 경제, 군사에 막대한 영향을 끼친다고 전망하고 있는데 그의 주장은 이미 지구촌 곳곳에서 현실화되고 있다.

2011년 이집트 시민혁명이 기후 변화에 따른 곡물 수급 불균형 때문이라는 분석이 있다. 이집트 혁명의 별명은 코샤리 혁명이다. 콩과 쌀, 옥수수, 마카로니를 섞어서 삶은 뒤 토마토소스 등을 뿌려 만드는 코샤리는 이집트 서민층이 즐겨 먹는 음식이다. 세계은행은 이집트 전체 인구 8천만 명 중 40%가량이 하루 수입 2달러 미만인 빈곤층이라고 보고하기도 했는데 값싼 코샤리도 사먹을 수 없을 만큼 굶주리게 된 시민이 마침내 폭발하게 되었다고 보는 것이다. 실제로 중동과 같은 사태를 우려한 러시아 정부는 가뭄이 심했던 2011년 곡물 수출을 금지했다.

인구 1억 6천만 명이 넘는 방글라데시에서는 해수면 상승 등 기후변화에 따른 자연재해로 토양이 바다나 강으로 휩쓸려 가는 현상이 심각해지고 있다. 침수 피해로 생활터전을 잃은 방글라데시 일부 농민들이 국경을 넘어 인도 북동부로 이주함에 따라 양국 간 갈등이 빚어지기도 한다. 아프리카와 중동에서도 가뭄과 기아가 극심해지면 대규모의 난민이 발생하여 나라간의 분쟁으로 확산되고 있다.

2012년 평안남도 안주시 홍수피해 현장. 이 밖에도 평안북도, 황해북도, 함경남도 등이 큰 피해를 입었고, 북한은 긴급히 국제사회에 도움을 요청했다. AP통신

지난 2013년 3월 서울에서 열린 아시아·태평양지역 기후안보 국제회의에 참석차 방한한 파카소아 틸레이 투발루 외무부 사무국장은 '아주 작은 도서국가의 기후변화 영향은 책에서 보는 이론적 문제가 아니라 피부로 경험하는 실질적인 문제' 라며 '현재 뉴질랜드 외에 마땅한 피난처가 없어 섬이 없어지면 이주문제가 심각해질 것' 이라고 말했다.

디판카르 타룩다르 방글라데시의 치타공주(洲) 국무장관도 '홍수, 강물의 범람으로 많은 이주민이 발생해 식량안보뿐 아니라 강제이주를 둘러싼 문제가 생기고 있다' 며 '기후변화에 따른 강제이주를 해결하려면 국가 간 협력이 무엇보다 필요한 상황' 이라고 설명했다.

기후 엑소더스가 미래 갈등 요인이 될 거라는 주장은 귄 다이어와 같은 일부 학자들만의 주장이 아니다. 독일 포츠담 기후영향연구소는 〈기후변화와 글로벌 안보관계〉라는 보고서를 통해 기후 재앙은 예상보다 일찍 찾아올 것이며 그 결과는 예견된 것 보다 훨씬 더 힘들 것이라고 경고했다. 이 보고서는 선진 부국들이 기후변화로 어려움을 겪는 국가들을 지원하는 방안을 찾지 못하면 빈민 유입 등으로 어려움을 겪을 것이라고 지적했다.

얼마 전 한국을 찾은 닐 모리세티 영국 기후변화 특사의 말도 의미심장했다. 그는 한반도 역시 기후 재앙의 예외는 될 수 없으며 '한국도 북한의 식량, 에너지 부족 문제가 한국 정부의 안보에 영향을 미칠 수 있다는 점을 고려해야 한다' 고 말했다.

4 북한 산림 황폐화, 한국도 책임 있다

한국, 기상재앙의 안전지대 아니다

기후 변화 항목은 한반도가 직면한 가장 중요한 환경이슈 중 하나다. UN 보고서에 의하면 지난 100년간 지구의 평균 온도는 0.7℃가량 올랐다. 반면 한반도의 온도는 1.7℃나 올랐다. 당시 저탄소 녹색성장을 주도하던 이명박대통령도 이같은 언론보도에 깜짝 놀랐다. 한반도의 온난화 속도가 세계 평균보다 갑절 이상 빠른 것이다. 실제로 2009년 기상청의 보고에 따르면 지난 100년간 한국의 겨울철은 한 달 이상 줄었고, 여름철은 2주가량 늘었다.

2007년 국립기상연구소의 권정아 박사 팀은 2090년 한반도 평균기온은 4℃ 높아져서 수도권 이남은 아열대 기후로 변할 것이라고 예측했다. 부산, 목표, 강릉도 평균기온이 영상으로 높아져서 겨울에도 눈을 구경할 수 없게 된다. 비가 내리기만 하면 집중호우가 되고 대형 태풍이 자주 발생하면서 기상재해가 늘어날 전망이다.

산림의 절반이 말라버리고 침엽수가 사라지며 우리 숲의 상징인 소나무는 자취를 감추게 될 것이다. 근해에서도 명태, 정어리는 사라지고 오징어, 고등어, 멸치 등 난류 어종만 살아남아 열대어와 함께 헤엄치게 될 것이다. 사람의 체온이 1℃만 올라도 '이상 증상'으로 보는데 국토의 체온이 4℃나 오르니 오죽할까.

생태계 내부를 들여다 봐도 문제가 심각하다. 우리는 종종 캐나다의 숲 속에서 곰을 만났다거나 말레이시아의 정글에서 호랑이에게 습격당했다는 뉴스를 접한다. 이는 무섭지만 한편으론 다행스러운 소식이다. 그곳의 자연 생태계가 그만큼 건강하다는 뜻이기 때문이다.

반면 우리나라에서는 야생동물이 사라진 지 오래다. 민가로 내려와 종종 사고를 일으키는 멧돼지를 제외하고는 동물원에서 탈출한 것이 아닌 야생 곰이나 호랑이를 봤다는 얘기는 들은 적이 거의 없다. 싱가폴, 홍콩같은 조그만 섬나라가 아니라면 산속에 곰이나 호랑이 같은 포식자가 없는 나라는 한국밖에 없을 것이다. 환경부의 한 공식 보고서도 1943년 이후 한반도 남쪽에서는 호랑이가 한 번도 발견된 적이 없다고 밝히고 있다.

한반도에 호랑이가 없다는 사실은 말 그대로 호랑이만 없다는 뜻이 아니다. 우리나라 국토의 절반을 차지하는 숲에 호랑이가 서식할 수 있는 먹이사슬이 무너졌다는 사실을 의미한다. 야생동물 한 종이 없어질 때마다 그만큼의 생물 다양성은 줄어들고, 생태계의 불완전성은 커진다.

우리나라의 산에서 호랑이를 볼 수 없고, 곰을 만날 수 없다는 것은 우리 생태계가 잃어버린 것이 그만큼 많다는 뜻이다. 그럼에도 불구하고 우리는 거의 반세기동안 그 사실을 실감하지 못하고 살아왔다. 우리의 환경적 생태학적 감각은 그만큼 무디다.

그런 우리에게, 교류가 끊어진 지 60년이 넘은 저 휴전선 넘어 북한의 산림 재앙이 위기상황으로 다가올 리 만무하다. 하지만 지금 북한이 직면한 산림위기는 북한만의 문제가 아니다. 같은 생태계 안에 있는 한 한국도 언젠가는 직면하게 될, 아니 우리가 모르는 사이 이미 우리의 삶과 안전을 위협하고 있는 지도 모를, 공통의 위기다.

환경불감증 한국만 모르는 국제이슈, 북한산림

최근 세계 환경기구들의 제일 순위 관심사는 단연 북한산림이다. 2012년 3월 평양에서 열린 회의에서 IUCN (세계자연보전연맹)은 북한의 산림을 복원하는 데 도움을 제공하겠다는 의사를 밝혔다. 유럽 연합도 이미 산림 황폐화로 인해 만성화된 식량난 해결을 위해 6백만 유로(약 83억원)규모의 예산을 배정했다.

구호기관 뿐 아니다. 많은 언론인과 지식인들이 산림 황폐화로 인한 북한의 상황에 비상한 관심을 보이고 있다. 2013년 〈고아원 원장의 아들〉이라는 제목의 북한 관련 소설을 써서 퓰리처상을 받은 스탠포드대학 영문과 교수 아담 존슨Adam Johnson은 오래전부터 북한산림 황폐화로 인한 주민의 고통에 깊이 공감하고 있다. 작년 한 일간지에서 주최한 포럼에 참석한 그는 북한 방문 당시 어렵게 만났던 주민을 돕는 일이라면 무엇이든 돕겠다며 안타까움을 토로했다.

그런데 이런 기후 변화에 북한의 산림 황폐화는 결정적인 영향을 끼치고 있다. 숲은 기후변화의 주요 원인이 되는 온실가스를 흡수하는 기능을 한다. 그러므로 북한 산림이 사라지면 온실가스가 그대로 공기 중에 배출되기 때문에 온도가 상승한다. 아직 그 피해가 북한 지역에 한정되어 있으나 같은 생태계로 연결된 한국으로 확산되는 것은 시간문제다.

이미 북한 산림은 사막화로 가고 있다. 이 사실은 빅터 테플리아코프 교수를 비롯해 해외의 웬만한 환경전문가나 산림학자들 사이에 오래전부터 알려진 바다. 테플리아코프 교수는 홍수로 쓸려 내려가는 토사의 경제적 가치를 약 2조 원으로 추산한다. 홍수로 떠내려간 2조 원 가치의 토사를 다시 되살리려면 그 이상의 돈과 막대한 시간이 소요되며 그 부담은 고스란히 우리의 몫이다.

그럼에도 불구하고 한국에는 북한의 이런 실상이 잘 알려져 있지 않다. 그 뿐 아니라 북한이 핵무기에 이어 미사일까지 개발한다는 소식에 그나마 해오던 '대북지원'에 대해서조차 부정적이다. 주민들이 죽어가는 것은 안타까운 일이나 우리도 안전을 위협받는 상황이니 어쩔 수 없다는 식이다.

2012년 11월 한 언론에서 '북한 산림의 황폐화가 심각'하다는 보도가 있긴 했지만 국내 연구진을 활용한 보도에 그쳤다. 해외의 많은 기관들이 북한 산림에 관한 구체적이고 생생한 정보들을 계속 발표하고 있음에도 불구하고, 북한의 무력 도발과 핵무기 개발에만 예민하게 안테나를 세우느라 정작 핵무기보다 더 가까운 위협일수도 있는 북한 산림 위기와 한반도 사막화의 위험성을 인식하지 못하고 있는 것이다.

표류하는 한국의 대북정책, 북한 산림훼손 가속화

> 북한에 있어 개혁은 죽음을 의미하고 개혁을 하지 않는 것은 죽음을 기다리는 것을 의미한다.

중국의 학자들이 북한의 개혁과 관련해 흔히 사용하는 표현이다. 북한에게 있어 개혁 개방만이 유일한 살 방안이지만 그만큼 북한이 개혁 개방을 끔찍하게 두려워한다는 뜻이다. 그런 북한이 2000년대 초반 시장 개혁을 시도했다. 김정일 북한 국방위원장이 '시장경제'라고 부를 만한 수위의 개혁 정책이었다.

그런데 중요한 것은 북한이 어떻게 이런 초강수 개혁을 실천에 옮겼는가 하는 것인데 바로 김대중 정부의 '햇볕 정책'을 바탕으로 한 원만한 남북관계였다. 햇볕 정책에 힘입어 2000년대 초반 남북경제 협력이 활발히 이루어지면서 남북한 사이에 일정한 신뢰관계가 형성됐다. 이는 남북관계의 안정이 북한지도층이 개혁, 개방을 선택하는 데 있어 필수전제라는 것을 말해주는 중요한 사례다.

그런데 불과 10년이 흐른 2010년 봄, 이명박 정부의 5.24 대북조치와 함께 남북관계는 냉전시대를 방불케 하는 살얼음판으로 변했다. 지난 3월 한국개발연구원(KDI)의 이 석 연구위원은 '5.24 조치, 장성택의 처형 그리고 북한경제의 딜레마' 라는 보고서를 통해 5.24 조치가 북한 경제에 치명적인 악영향을 미쳤으며 결국 장성택 처형이라는 사태까지 가게 됐다고 분석했다.

이보고서에 따르면 2000년대 들어서면서 북한은 한국과 중국 양국과의 대외 무역이 크게 늘면서 '고난의 행군'이라 불린 1990년대의 기근에서 벗어날 수 있었다. 2005년 이후 북한의 대외무역에서 중국은 40~57%, 남북교역이 30~35%를 차지할 만큼 한국과의 교역량이 증가했다. 그것도 한국에 모래, 농수산물을 수출해 번 돈으로 중국에서 물자를 수입하는 거의 완벽한 상호보완적 무역이었다. 또 개성공단 가동과 금강산 관광 등 남북경협에서 상당한 달러를 확보할 수 있었다.

그러나 5.24 조치로 인해 남북교역이 전격 중단되면서 북한 경제에 비상이 걸렸다. 북한은 급히 중국을 상대로 무연탄과 철광석 수출량을 대폭 늘렸다. 2009년 2억 5619만 달러였던 무연탄 수출이 2010~2012년 연평균 9억 달러를 넘었다. 이 같은 일방적 자원수출은 북한의 경제구조를 급격히 악화시켰다. 무연탄과 철광석 등의 물자가 북한의 에너지 공급과 기간산업의 핵심 연료였기 때문이기도 하지만, 수출량이 늘면서 2012년 중반부터 무연탄 수출단가가 하향세로 돌아선 게 결정적이었다.

결국 중국과의 무역을 책임지고 있던 장성택이 위기에 몰렸다. 장성택의 처형 죄목에 '지하자원과 토지를 헐값에 팔아먹은 매국행위'가 포함됐다. 5.24 조치 후 북한의 대중국 수출 확대가 가져오는 고통을 북한 당국이 인식하고 있었으며 이 문제가 경제를 넘어 정치적 권력투쟁을 위한 하나의 도구로 비화됐음을 시사한다.

이처럼 우리의 대북지원정책은 정치적인 영향에 따라 끊임없이 변한다. 김대중 대통령은 '햇볕 정책'에 입각해 경제교류를 활성화하고 인도적 차원의 대북식량지원과 이산가족문제 해결에 주력했다. 2001년 6.15 남북정상회담을 계기로 비무장지대의 지뢰를 제거하고 휴전선을 관통하는 경의선 철도와 동해선 도로가 연결되었으며 개성공단이 착공되었다.

노무현 정부의 대북정책 목표는 한반도의 평화증진과 공동번영이었다. 김대중 정부와 노무현 정부의 '햇볕정책'과 '평화번영정책'은 '선 경제협력, 후 북한 변화'라는 정책기조에 따라 남북 간 협력의 강도를 높여갔다는 점에서 공통적이었으며, 대북지원사업의 우선순위도 비슷했다.

이명박 정부에 들어서면서 대북기조는 큰 변화를 맞는다. 이명박 정부는 김대중·노무현 정권의 대북정책의 틀에서 벗어나 '비핵 개방 3000'의 새로운 대북정책을 수립했다. 즉 북한이 핵을 포기하고 북한이 개혁개방 정책을 적극 수용한다면 한국 정부가 주도적으로 나서 북한의 GDP를 3,000달러까지 끌어올리도록 지원하겠다는 것이다. 이 정책은 '선 경제협력 후 북한 변화'의 이전 노선과는 정 반대되는 '선 북한 변화 후 경제협력'의 원칙이었다. 하지만 이 제안은 스스로 변화의 길을 선택하지 못한 북한을 국제사회에서 더욱 고립화 시키는 결과를 가져왔고 실제 2008년 말 이후 남북관계는 급속히 냉각됐다. 결국 2012년 5.24 조치로 남북 교류는 완전히 단절되었다.

박근혜 정부의 대북정책 기조는 '한반도 신뢰 프로세스'이다. 인도적 문제의 실질적 해결과 당국간 대화 추진 및 합의 이행 등을 골자로 하

2007년 노무현대통령 평양방문기념비

는 대북정책의 성과는 2014년 2월 남북이산가족 상봉으로 의미있는 첫 번째 결실을 맺었다. 또한 〈통일 준비 위원회〉를 출범시키겠다는 구상도 시의 적절하다는 평가를 받았다.

하지만 정부의 대북정책은 이렇게 정권이 바뀔 때마다 현격한 차이를 보이며 요동을 쳤고, 특히 북한의 비핵화 이슈와 관련해서는 국제사회까지 가세하여 북한을 강하게 압박했다. 지금 북한은 한국의 동의와 양해 없이는 외부의 도움을 자유로이 받을 수 없는 상황이다. 그 와중에 가장 피해를 당하는 사업이 바로 대북 산림협력 사업이다.

2014년 3월에도 사업을 주관하는 한 민간단체에서 대북 비료 지원을 돌연 취소해야 하는 사태가 발생했다. 대규모(100만 포대)인데다가 천안함 사태 4주기(3월 26일)를 앞두고 이루어짐에 따라 통일부가 반대하는 분위기였다고 한다. 5.24 대북 조치 이후 통일부가 승인한 대북지원은 영유아와 임산부 등 취약계층을 위한 사업 뿐이었다. 쌀, 옥수수를 비롯한 식량과 비료 지원도 금지된 상황에 산림협력사업이 진행될 리 만무하다.

무엇보다 아쉬운 점은, 정권이 바뀔 때마다 대북 정책이 요동치는 것과는 달리 모든 정권이 변하지 않는 공통점이 있는데 그것은 '북한의 입장을 감안한 대북 지원정책은 고려하지 않는다는 점'이다. 바로 그런 우리의 무관심과 무지함, 그리고 이기심이 북한의 산림 황폐화를 막지 못한 요인 중 하나다.

5 북한 산림 복원, 통일 후엔 늦다

매년 눈덩이처럼 늘어나는 북한 산림 복원 비용

북한의 산림 재앙을 막는 최선의 길은 산림을 복원하는 것이다. 그런데 그 비용이 천문학적이다. 최근 정부는 284만 헥타르의 북한 산림을 복구하는데 약 32조 1172억 원이 소요될 것으로 전망했다. 이는 관련 근로자 인건비를 개성공단 월 임금(약 144달러)을 기준으로 계산한 것이다. 물론 북한의 국토가 국가소유이기 때문에 땅 매입비용이 들지 않는다는 점도 고려했다.

하지만 통일 후에는 모든 상황이 180도 달라진다. 우선 북한 주민들의 임금이 천정부지로 뛸 것이다. 만일 그들의 월 임금기준을 현재 우리 근로자의 수준에 맞추면 인건비만 해도 최소 10배 이상의 예산이 추가된다.

최대 난점은 대규모의 장기프로젝트인 사방공사다. 정부가 산출한 32

조 규모의 예산 중 73%가 소요되는 사방공사는 흙·모래·자갈이 이동하는 것을 막아서 재해를 막거나 줄이기 위한 공사다. 북한산림은 나무가 자랄 수 있는 토사가 홍수로 인해 쓸려가 버렸기 때문에 토지를 안정화시키는 사방사업이 성공해야 나무도 심을 수 있고 농사도 가능하다.

연료림의 성공적인 완성도 전제조건 중 하나다. 수종선택, 조림방법 등에 대한 사전연구 또한 반드시 필요하다. 아무리 따져보아도 쉽고 빠르고 게다가 값싸게 성공할 가능성은 전혀 없다. 그런데 현재 국유지인 북한 땅을 민간인들이 매입을 하거나 흙, 모래 자갈의 이동 등 비용이 상승할 경우 예산 상승 폭은 가늠하기 어려울 정도다. 게다가 양묘장 조성과 복원(5410억 원) 등 다른 부대비용도 만만치 않다.

또한 복원 현장의 인력난도 심각할 것으로 예견되고 있다. 현재 북한의 황무지 면적을 약 3백만 헥타르로 보고 이 지역을 조림하는 데 매년 서울시 면적에 해당하는 6만 헥타르를 조림한다고 보았을 때 최소 50년이 걸린다. 남한의 현재 연평균 조림 능력은 2만 헥타르 규모. 지금과 같은 속도로 북한 산림이 사라진다면 한국은 몇 대에 걸쳐 북한의 산림을 복구해야 하는 상황이 될 수도 있다.

따라서 지금 우리에게 32조원 혹은 그 이상에 달하는 북한 산림 복원 비용이 엄청난 부담으로 느껴질지 모르나 통일 후에는 이보다 몇 배 이상 들 수 있다는 사실을 생각해야 한다. 지금 우리가 부담하는 비용은 통일 후 몇 배가 되어 돌아올지 모를 막대한 미래의 비용을 막는 길이다.

황폐한 산야에 쓸쓸히 서있는 김일성 기념비.

일단 시작하면 돌아올 수확도 값지다. 산림 복원은 정부 수뇌로부터 사회전문가 그리고 현장에 투입되는 평범한 주민까지 전 계층에 걸쳐 장기간의 남북한 교류가 가능하다. 그리고 우리보다는 북한이 이 사업을 절실히 원하고 있기 때문에 중도 하차할 확률도 그만큼 낮다. 결국 탄탄한 남북 신뢰관계를 구축하는 발판으로는 더 없이 좋은 사업인 것이다.

북한 산림 복원, 정치적 협상카드인가

그런데 북한 산림 복원 사업이 성공하려면 근본적으로 현재의 대북지원 방식이 충분조건에서 필요조건으로 선회를 해야만 한다. 이 점은 통일준비 차원에서도 반드시 해결되어야 하는 문제다. 즉, 정치적 상황이 안정되면 대북지원 사업을 시작하는 '단기적' 충분조건식 방식에서 벗어나 인도적, 호혜적, 한반도 생태계를 위한 사업들을 비정치적인 논법으로 끈기를 가지고 지속해나가면서 정치적 화합도 모색하는 '미래지향적' 인 필요조건 시대로 나가야 한다는 것이다.

일관된 대북정책은 남북관계 발전을 보장하는 요소이다. 대북정책의 연속성은 북한에 일관된 신호를 보낸다는 점에서 중요한 의미가 있고 우리에게도 정책변경에 따른 정치사회적 비용을 줄일 수 있다는 장점도 있다.

특히 한반도는 그 지정학적 특성상, 주변과의 이해구조가 대단히 복잡하게 얽혀 있다. 분단된 남북한을 중심으로 중국, 미국, 러시아, 일본 등 강대국이 한반도를 둘러싸고 있을 뿐 아니라 지리적으로 대륙과 해양을 잇는 위치에 있다. 한반도 통일이라는 구조변화는 주변국의 역학관계에 영향을 미치기 때문에 남북한 당사자만의 의지와 노력만으로 이루어질 수 없다.

그런데 한반도를 둘러싼 당사자와 주변국의 복잡한 정치적 역학관계에서 가장 자유로우며 평화적 성격을 부여하기에 좋은 사업이 바로 북한산림 복원이다. 즉, 주변국의 염려와 저항을 최소화하면서 남북한이 평화적으로 교류를 할 수 있는 최적의 사업인 것이다.

또한 현재 북한은 외부의 도움 없이 자력으로 심각한 공급부족의 결핍경제를 벗어날 수 없는 처지다. 그런 상황을 돌파하기 위해 북한이 선택한 노선은 개혁 개방을 통한 노력이 아니라, 핵개발 및 미사일 발사, 6자회담 참석 거부 등을 통한 강경행보를 계속하고 있다.

그런 북한에게 '빵을 원하면 핵을 포기하라' 는 식의 강요로 일관하는 것은, 이전의 경험에서 보다시피 북한을 더욱 고립시키고 궁지로 몰아넣을뿐더러 우리의 대북정책도 미로에 빠지는 결과를 초래할 뿐이다.

이런 상황에서 북한 산림 복원이야말로 북한이 처한 현실을 고려한 맞춤형 사업으로 성사될 경우 오랜 기간 신뢰를 바탕으로 협력 체제를 유지할 수 있는 교두보가 될 것이며 동시에 평화적인 한반도 통일을 이루겠다는 우리의 의지를 북한과 전 세계에 입증할 수 있는 사업이 될 것이다.

그동안 우리의 대북지원정책에서 산림사업은 늘 뒷전으로 밀려났다. 모든 정권은 예외없이 인적 경제적 교류로 가시적 성과를 올리는 데 급급했고 막대한 예산으로 식량을 지원했으나 결국 북한의 최대 현안인 식량난을 해결하지 못했을 뿐 아니라 더욱 악화되었다. 그것은 식량난 뒤에 있는 산림 재앙과 자연재해의 악순환의 고리를 보지 못하고 '미봉책' 을 내기에 급급했기 때문이다.

또한 인도적 차원이나 한반도 미래를 고려해 정치적 갈등과 상관없이 지속적으로 관심을 가져야 할 환경 이슈를, 정치사안과 묶어서 처리해 온 관행에서 벗어나지 못한 것도 결정적인 실수다. 그렇게 시대와 환경의 변화에 따라 유연하게 대처 하지 못해 북한 산림 황폐화가 식량 대란과 기후 재난으로 확산되는 것을 막을 수도 있는 기회를 놓치고 만 것이다. 이렇게 정치적인 시각만으로 그들을 보고 계속되는 그들의 군사적 도발에 집중하면 우리는 북한 산림과 한국과의 관계를 결코 제대로 파악할 수 없다. 지금 우리가 생각해야 하는 것은 두 가지다.

첫 번째는 지금도 그리고 앞으로도 북한 산림 복원이 북한의 몫이 아닌 우리의 몫이라는 사실이다. 이유는 북한이 능력도 경험도 없기 때문이다.

북한 산림이 복원되지 않는다면 힘들게 모내기한 저 농경지는 홍수로 또 유실될 것이다.

2014년 4월 4일, 판문점 식목일 행사에서 나무를 심고 있는 군정위 수석대표와 중립국 감독위원회 스웨덴 대표. 한국전쟁 중 가장 치열한 전투가 벌어졌던 판문점 일대는 나무 하나 볼 수 없는 황무지로 변했다. 중립국감독위캠프의 장교들은 황무지로 변한 판문점 일대에 40년 넘게 나무를 심어왔다.

중립국감독위원회 캠프 안에 형성된 그림같은 숲.

두 번째는 하루라도 빨리 북한 산림 복원을 돕는 것이 막대한 통일비용을 절약하는 길이라는 사실이다. 이는 동시에 장기간의 남북한 협력을 통해 통일 후 한반도 생태적 경제적 안정은 물론 한반도 내 한국의 정치적 입지와 영향력 또한 확고히 할 수 있음을 기억해야 한다.

통일 이후는 늦다. 그리고 아직 오지 않은 미래다. 그러나 북한의 산림 재앙은 지금 현재 진행형이다. 그 땅에서 기후 난민이 된 북한 주민들은 생존을 위한 최소한의 에너지와 식량도 없이 황무지를 떠돌고 있다.

다행히 산림 복구 과정에서 감당해야 할 정치적인 위험과 불리함을 알면서도 북한은 지금 외부에 도움을 청할 만큼 다급하다. 지금이야 말로 세계적인 산림대국인 북한의 정체성을 일깨우고 핵무기보다 몇 배나 경쟁력이 있는 북한 산림의 가치를 그들에게 인식시켜야 한다.

지금은, 급속한 산업화과정에서 우리는 미처 해내지 못한 산림 인프라를 북한에 심어 세계적인 산림강국으로 변신시킴으로서 그들을 평화로운 공존의 세계로 이끌어내야 할, 하늘이 준 기회다.

지난 3월, 세계 최대의 정치·안보 컨설팅 기업인 유라시아 그룹 이언 브레머 회장이 한국을 방문했다. 그는 7년 전 북한이 폐쇄적인 체제를 갖고 있으나 매우 안정적이라고 말했던 사람이었다. 그런데 지금은 정반대라며 폭탄 발언을 했다.

김정은 정권의 통제력이 상실됐습니다. 주민들은 외부의 정보를 자유롭게 얻을 수 있고 장성택 숙청을 계기로 김씨 일가의 내부 분열이 극단으로 치닫고 있습니다. 이대로 가면 북한 체제는 수개월 혹은 수년 내에 무너질 수 있습니다. 북한은 이제 전혀 지속 가능하지 않습니다. 한국은 통일 준비에 모든 신경을 집중해야 합니다.

2

북한 산림 복원의 걸림돌들

수개월에서 수년 내로 통일이 일어날 수 있다는 그의 말은 결코 기분 나쁜 말은 아니다. 얼마나 기다렸던 순간인가. 그러나 우리가 과연 통일에 얼마나 준비가 되어 있는가를 생각하면 눈앞이 캄캄하다. 지난 15년, 죽어가는 북한 산림을 보면서도 우리는 주도권 싸움과 부처 이기주의, 그리고 원칙 없는 대북정책으로 '수혜자'인 북한이 아닌 '우리중심' 지원만 계속해왔다. 그 결과 '말만 무성하고 소문만 요란한' 대북 산림 협력은 결국 죽어가는 북한 산림과 굶주리는 북한 주민들에게 아무런 힘이 되지 못하고 한반도 사막화라는 위기 앞에 몰리게 됐다

1 한국의 '북한산림 살리기' 15년 결산

대북 산림협력 사업의 출범

한국 정부의 본격적인 산림 복원 지원은, 2000년 김대중 정부의 남북 공동선언 이후 시작되었다. '인도적 차원의 대북 지원 사업 처리에 관한 규정' 은 중앙정부와 지방정부는 북한과 직접적인 대북 협력 사업을 법으로 금하고 있기 때문에 시민사회단체를 통해 사업에 착수했다. 그동안 진행된 대북 산림협력 사업의 유형은 크게 조림사업, 양묘사업, 병해충 방제사업으로 나뉜다.

조림사업은 황폐화된 북한 산림 복원에 가장 절실한 사업으로 2005년부터 착수했다. 하지만 북한의 사업 대상지 제한으로 평양, 개성, 금강산 일대에 소규모로 추진됐다. 더구나 북한은 한국에서 간 전문가들이 사업대상지에 들어가지 못하게 한 체 물자만 지원을 받았다. 조림을 위해 북한에 제공된 양묘들은 사전에 협의된 조림사업 대상지가 아닌 평양과 다른 지역에 조경용으로 식재되거나, 식재된 후에도 제대로 관리되지 못하고 고사해버리는 문제들도 나타났다. 북한은 장기적 관점에서 황폐 산림복원에 필요한 수종 보다는 식량 문제 해결에 도움이 되는 사과나무나 밤나무 같은 유실수의 지원을 요구하였으며, 북한에 제공된 유실수들은 식재 및 관리가 비교적 잘 되었던 것으로 나타났다.

양묘사업은 종자 및 물자지원, 종자파종, 양묘온실, 관리시설 태양광 발전시설, 각종 부대시설과 기술지원을 하는 사업으로 대북 산림협력사업 중 가장 대규모였다. 양묘사업이 이처럼 큰 규모로 추진될 수 있었던 것은 북한 주민과의 접촉 가능성이 가장 낮기 때문에 북한 입장에서도 거부감이 거의 없었다.

양묘사업은 장기간에 걸쳐 진행되기 때문에 신뢰관계 구축이 가장 중요하다. 그런데 사업에 참여했던 전문가들의 말에 의하면 소통에 큰 어려움을 겪었다고 한다. 한국에서 간 전문가들은 북한의 경제 사회 시스템과 지역문화를 제대로 이해하지 못했고 북한측 관계자들은 양묘 사업에 대한 기초 상식이 부족해서 세부적인 가이드라인이 포함된 양묘장 관리 매뉴얼을 만들어 별도로 교육을 해야만 할 정도였다.

하지만 가장 큰 문제는 사업에 주민을 동원하는 것이었다. 사회주의 경제시스템 속에서 살아온 주민들은 배급이 보장되는 '지시 받은' 작업을 하는 데 익숙하다. 그런 주민들과 함께 양묘사업을 해나가는 것은 결코 쉽지 않다. 주민들 입장에서 보면 나무를 심어도 식량이 따라오지 않으면 그 일에 참여할 이유가 없다. 그 시간에 당장 오늘을 살기 위해 필요한 에너지와 식량을 확보해야만 하는 상황이기 때문이다.

그들이 적극적으로 나무심기 사업에 동참하도록 하는 방법은 단 하나, 식량과 생활용품을 함께 제공하는 것이었다. 그 사실을 알게 된 한국 측 사업 담당자들은 사업에 참여하는 주민들을 위해 식량을 함께 공급했다. 이렇게 관계자들 간에 신뢰관계가 쌓이자 북한이 자발적으로 양묘장을 관리하고 양묘를 활용하는 상태까지 사업이 진행되었다.

병해충 방제사업의 경우는 북한의 요청에 의해 시작됐다. 우리 입장에서 봤을 때도 산림 병해충 문제는 적절한 방제시기를 놓치게 되면 남쪽으로 확산될 위험이 높고, 병해충 방제 물자는 다른 용도로 사용하기 어렵기 때문에 지원 효과와 타당성이 가장 높았다. 특히 남북간 산림이 연결되어 있는 강원도 지역의 산림병해충 방제 사업은 2001년부터 10년 가까이 강원도 중심으로 진행됐다.

지자체의 대북 산림협력 사업 현황

처음에는 통일부 재원을 중심으로 진행되던 대북 산림협력 사업은 점차 지자체로 확대되어 갔다. 지자체는 북한의 침체된 경제를 활성화시키고 특히 시급한 식량문제를 해결하기 위해 농업분야의 교류를 활발하게 전개해왔다. 또한 남북한 접경 지역인 강원도, 경기도를 중심으로 산림협력 사업도 꾸준히 계속되어 왔다.

지자체의 대북 지원은 일반 시민사회단체들에 비해 상대적으로 안정적 재원을 갖고 있으며 경기도와 강원도와 같은 지자체의 경우 지속적으로 강한 사업 추진 의지를 가지고 있다는 장점이 있다. 대북 산림협력에 참여한 경험이 있는 강원도와 경기도의 경우, 전담팀을 꾸려 체계적으로 사업을 시행한 바 있다.

강원도의 경우 자체적으로 남북협력기금을 마련하여 운용하고, 남북협력(경제 및 자원협력) 전담부서를 통해 협력기금과 협력사업들을 관리하고 있다. 원활한 대북 사업 추진을 위해 남북 강원도 협력협회를 설립하고, 다양한 대북 협력사업들을 추진해왔다. 또한 대북 산림협력 사업(병해충 방제 사업, 금강산 사업 등) 추진을 위해 산림소득과에도 담당 직원을 두고 있으며, 강원도 산림환경연구소의 지원을 받아 사업을 추진하는 등 대북 교류협력을 위한 조직, 재원, 전문가 등 인프라를 갖추고 있다.

경기도의 경우 남북협력기금이라는 안정적인 자체 재원을 확보하고 있어 비록 시민단체를 통해 북한과 사업을 진행하고 있지만, 시민단체 단독으로 할 때보다는 다소 유리한 위치에서 협상을 진행할 수 있다. 또한 북한 황해도와 장기간에 걸친 신뢰관계를 바탕으로 당초 북한이 평양 인근으로 제안했던 양묘장 건설 대상지를 경기도에 가까운 개성지역으로 옮겨오기도 했다.

강원도는 통일을 대비하여 북한의 강원도와의 협력을 위해 (사)남북강원도협력기구를 설립, 대북 사업을 추진하고 있어 시민단체를 통해 사업을 하고 있는 경기도보다도 더 주도적으로 북한과 협상하며 사업을 추진해왔다. 하지만 앞서 언급한 바와 같이 북한이 금강산 지역을 제외한 산림 병해충 사업 대상지 접근을 강력하게 제한했기 때문에 협력 사업의 모니터링과 평가는 제대로 진행되지 않았다.

하지만, 15년간의 시행착오를 통해 얻은 주목할 만한 사업모형을 발견하는 수확도 있었다. 경기도와 강원도는 북한과의 지리적 인접성을 바탕으로 산림사업의 성공가능성을 높이기 위해 농업, 축산업, 에너지 지원사업, 인도적 지원 사업 등 다양한 지원 사업도 병행하는 '통합적 지원 모델'을 시행했다.

2013년 서울대에서 열린 북한산림복원워크숍. 북한산림복원이 본격적으로 시작되면 기꺼이 헌신할 산림 전문가들이 국내에는 준비돼 있다.

'통합적 지원모델'이란, 북한의 산림 황폐화 문제의 근본적인 해결책으로 제시되고 있는 식량과 에너지 문제 해결에 도움을 주면서 사업을 시행하는 모델로서 농업 협력 사업을 통한 식량지원, 에너지 지원 사업, 산림 복구 사업이 통합적으로 추진되는 사업모델이다.

이는 지자체는 물론 북한에서도 환영하는 사업모델이다. 지자체의 경우 사업 경험과 인적 네트워크가 없기 때문에 시민사회단체의 도움이 필요했지만, 앞으로는 그동안 쌓은 경험을 바탕으로 패키지 협력모델로 제 3자의 개입을 배제하고 북한과 거의 직접적인 협력모델을 운영할 수 있게 되므로 사업의 효율성이 그만큼 높아진다. 북한으로서도 정치적으로 민감한 상대인 중앙정부와의 협력보다는 상대적으로 안정적이고 지리적으로 가까운 지자체와의 협력모델을 선호하고 있다.

민간기업의 대북 산림협력 성과와 한계

민간기업의 대북 산림협력 사업은 유한킴벌리와 〈평화의 숲〉, 그리고 MBC에서 시행한 두 가지 사례가 있다. 금강산 관광객 피살사건과 5·24 조치로 인해 남북관계가 경색되기 전까지, 유한 킴벌리는 안정적인 재원을 바탕으로 〈평화의 숲〉과 함께 금강산 일대의 양묘, 조림, 병해충방제 사업을 추진하면서 북한 사업 담당 및 지역 주민들에게 높은 신뢰관계를 쌓아왔다. 특히, 금강산 양묘장의 경우 북한 내부적으로 성공사례로 평가되어 당의 직접적인 관리를 받으며, 여러 지역에 소개되기도 했다.

하지만 민간기업의 대북 산림협력 지원에도 한계가 있다. 시민사회단체나 지자체의 대북 사업목적은 공익 추구에 있다. 반면, 유한킴벌리 같은 민간기업의 경우 직접적인 이익 창출 또는 사회공헌 활동을 통한 기업의 긍정적 이미지 창출이 목적이다. 그런데 북한은 사업과 관련된 내용들이 남한의 언론을 통해서 사전 보도되는 것을 엄격하게 통제하고 있다. 기업의 이익에도, 이미지 홍보에도 전혀 도움이 되지 않는다. 그나마도 남북 관계가 경색되면 하던 사업들을 모두 중단해야 한다. 그 뿐 아니라 대북 지원에 대한 반대여론이 형성될 경우 기업 이미지에 부정적인 영향을 줄 수도 있다.

또한 기업 내부적으로 사업 지속가능성 확보에 많은 어려움이 있다. 경영진에 변동이 생기면 대북 산림협력 사업의 당위성과 지속성에 대해 새로운 경영진을 설득해야만 한다. 이런 저런 이유로 해서 기업으로선 선뜻 뛰어들기도 어렵지만 이 사업을 지속하기도 결코 만만치 않은 일이다.

하지만, 유한 킴벌리의 경우, 회사의 이익이나 이미지 홍보 차원이 아니라 기업의 사회적 책임을 큰 가치로 여기고 있는 기업으로 널리 알려져 있다. 단지 북한 뿐만 아니라 다른 많은 나라에도 산림 녹화 사업을 추진해온 바 있다. 그럼에도 불구하고 대북 산림협력 사업에 대해서는 장기적인 추진과 지속가능성 확보 측면에서 쉽지 않은 노력을 하고 있는 것으로 나타났다. 그만큼 북한의 일방적인 태도와 예측 불가능한 남북 관계로 인해 현장에서 많은 어려움을 겪고 있다는 의미다.

북한 측에서 사업 대상지에 대해 한국 조직의 접근을 통제하고 있는 것도 사업의 지속가능성 확보에 큰 걸림돌이다. 또한 사업이 공개적으로 추진되지 않고 북한의 요구사항을 수용하고 진행하는 과정에서 비용처리 등 사업의 투명성 확보가 어렵다는 것도 기업의 참여를 막는 결정적인 문제 중 하나다.

남남통일 없으면 사업성공도 없다

현재, 북한의 산림복원을 위한 우리의 대북지원 유형은 크게 다음의 3가지 유형으로 진행되고 있다. 첫 번째가 공적기금을 통한 지원 사업으

2008년 북한조림 사업 당시 조성한 임시묘목저장소. 북한산림복원은 황폐화된 곳에 나무를 심는 것으로는 한계가 있다.

로 〈겨레의 숲〉이 통일부에서 직접 관리하고 있는 남북협력기금을 지원받아 추진한다. 두 번째는 지자체 지원 사업으로 지자체가 자체적으로 확보한 사업비, 예를 들어 경기도 남북협력기금이나 강원도 자체 산림사업비 예산을 시민사회단체에 지원해서 추진한다. 마지막으로 민간 기업 지원 사업으로 민간 기업이 사업비를 지원하고 시민사회단체가 직접 사업을 추진한다.

이 3가지 유형의 공통점은 사업시행조직이 시민사회단체라는 것이다. 실제로 현행법상 대북 지원은 적십자사와 같은 기구를 통해 인도적 차원에서 이루어져왔다. 북한 산림 복원 사업도 정부의 지원 아래 시민사회단체 〈평화의 숲〉을 통해 시작됐다. 그런데 2006년부터는 북한이 〈우리민족서로돕기운동〉 〈민족화해협력범국민협의회(이후 민화협)〉 등 남한의 주요 대북 지원 단체에도 산림복원 사업에 참여해줄 것을 요청해왔다.

그 과정에서 북한은 한국 시민사회단체들 간의 경쟁을 유도하고 지원에 관한 모든 협상에서 북한의 의도대로 이끌어가며 무리한 주장을 계속해왔다. 그럼에도 불구하고 우리 시민사회단체들은 대북 협력사업을 지속하기 위해 '무리한' 요구를 수용해온 점이 없지 않다.

북한이 그렇게 강하게 나올 수 있었던 데에는 우리 측 사업 시행 단체들의 문제도 없잖다. 이들 단체들은 사업이 시작되자 경쟁적으로 뛰어들었다. 그러나 통일부가 갖고 있는 예산은 한정되어 있었기 때문에 단체들 사이의 경쟁이 치열해졌다. 예산 집행의 비효율성과 중복적 사업 투자가 반복되고 있음에도 불구하고 단체들은 사업 진행과정에서 확보한 정보들을 공유하지 않았다. 그러니 우리측 민간 단체에 관한 모든 정보를 쥐고 있는 북한에게 끌려 다닐 수밖에 없었다.

이 사태를 지켜보던 단체 중 하나인 민화협은 2007년 2월 관련 단체들과 협의하여 북한의 민족화해협의회와 북한산림녹화사업 합의서를 채택하고, 통합된 산림협력 사업체계인 〈겨레의 숲〉을 창립했다. 이후, 〈겨레의 숲〉은 통일부의 남북협력기금을 지원받아 북한의 대남 사업담당인 〈북한민족화해협의회〉와의 협상을 통해서 대북 산림협력 사업을 추진해 오고 있다. 이후 산림협력 사업을 둘러싼 시민 단체 들간의 경쟁적인 구도는 사라졌다.

그러나 사업 접근 방향을 둘러싼 이견대립은 여전히 존재한다. 대북 산림협력 사업은 남북의 정치적 상황을 비롯, 북한 내부의 예측 불가능한 변화와 복잡한 변수를 고려하면서 가야 하는 특수하고도 어려운 일이다. 그러나 산림분야의 관계자와 전문가들로 구성된 시민사회단체와 자문기구는 황폐화된 북한 산림 복원이라는 목적만을 보고 사업을 추진하고 있어 사업의 효율 면에서 한계가 있을 수밖에 없는 것이다.

2 대북 산림협력의 주요 쟁점

정부인가 민간인가, 남북한간 직접교류 금지법의 한계

현재, 남·북한 산림협력 관련 중앙정부의 주요 이해당사자와 결정적인 영향력을 행사하는 주체는 다음과 같다.

대북 산림협력의 기관별 영향력 조사

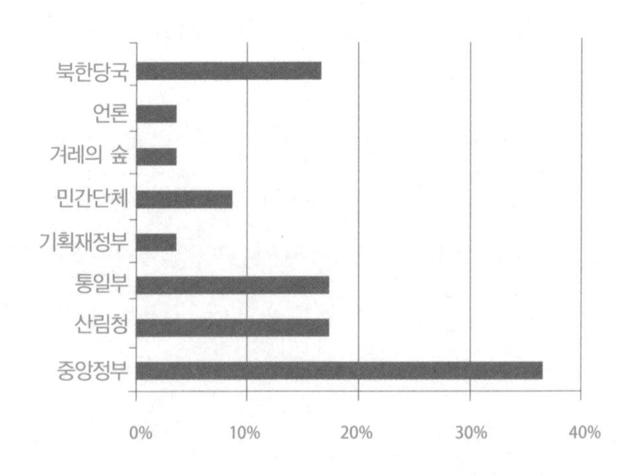

자료출처 : 2012년 서울대 산림과학부 조사

현재 북한은 북한민족화해협의회라는 단일한 창구로 사업협상을 하고 있으나 우리는 단일화된 협상 채널을 갖추지 못한 채 시민사회단체들이 사업별로 북한을 개별접촉하며 사업을 진행해 왔다.

대북 산림협력 사업에서 시민단체가 산림사업 전문가가 아님에도 주도적으로 하게 된 원인은 사업 출범 초기에 중앙정부에서 시민사회단체가 대북 지원 사업을 하도록 하고 주무 관청 및 지자체들은 재원만 지원하도록 묶어놨기 때문이다.

시민사회단체들의 경우 기존의 다양한 대북 협력 사업을 추진하면서 구축한 의사소통 채널과 협상 경험을 가지고 있다. 그러나 이들의 산림사업 전문성 부족에 대한 문제는 여전히 제기되고 있다. 또한 북한처럼 폐쇄적인 조직과 사업을 하기 위해서는 관련 정보의 공유가 필수적인데 우리 시민사회단체들은 각자가 확보한 정보를 공유하지 않는다는 문제가 있다.

북한의 황폐 산림 복원 사업은 전형적으로 다자간 협력모델을 필요로 한다. 북한 산림 황폐화로 인해 발생하고 있는 심각한 문제들을 해결해야 할 뿐만 아니라, 농업, 에너지, 환경 등 다양한 분야 간 협력과 실제적인 노력이 필요하다. 그러나 국내의 정치·사회적 갈등과 북한과 관련된 국내·외의 다양한 이해당사자들 간의 입장차로 인해 북한 황폐산림 복원을 위한 통합적 협력체계 구축에 어려움을 겪고 있다.

2007년 〈겨레의 숲〉이 설립된 이유 중의 하나가 여러 단체가 개별적으로 진행해오면서 확보한 경험과 정보를 공유하여 보다 종합적이고 체계적으로 사업을 추진하기 위한 것이었다. 〈겨레의 숲〉이 현재 20여 개의 회원단체들 간의 사업을 조정하고 지원하는 역할을 수행하고 있으나 지금도 여전히 사업 시행에 필요한 핵심 정보와 경험들은 〈겨레의 숲〉 안에서도 핵심 단체들을 중심으로 폐쇄된 네크워크 안에서만 공유되고 있는 상황이다.

다자간 협력이 절실하게 필요한 대북협력 사업에서 이러한 폐쇄적인 정보공유 네트워크와 의사소통 구조는 이해당사들 간의 정보 격차를 확대시키고, 사업 추진을 위한 거래비용을 증가시킨다.

특히 대북 산림협력 현장에서 가장 중심된 역할을 해야 하는 산림청이 강원도에서 추진한 산림 병해충 방제 사업을 제외한 대부분의 대북 산림협력 사업의 정보공유 네트워크와 의사소통 네트워크에서 소외되어 있다는 점을 주목해야 한다.

산림청이 이렇게 대북 산림협력 사업에서 소외된 가장 큰 이유는 통일부와의 역할 분담 문제 때문이다. 통일부는 남북협력기금을 관리하고 대북사업 승인권한을 가지고 있어 대북사업에 대한 영향력이 강력하다. 지금까지 실제적인 대북 산림협력 사업은 통일부를 중심으로 추진되어 왔으며, 산림청은 사업타당성 검토 및 자문, 역량강화 사업 추진 등 보조 기능만 수행하고 있다.

대북 산림협력의 고인물, 행정부서간 이기주의

산림청이 소외된 또 다른 원인은 정부 부처 사이의 이해관계 때문이다. 환경부에서는 북한조림의 주무부처가 환경부라고 주장하고 있다. 이에 산림청이 발칵 뒤집혔다. 이명박 정부 당시 북한 산림 복원은 산림청담당이라는 것이 확실하게 선언되었지만, 생각보다 이해관계가 복잡하게 얽혀 있는 게 현실이다. 통일로 가는 징검다리로 불리는 대북산림협력이 정부 부처들 사이에서도 '뜨거운 달걀' 로 인식되어 있다는 반증이며, 사업의 성공가능성이나, 최적의 부처가 어디인가를 생각하기 이전에 시대의 핫이슈를 선점하려는 부처의 이기주의를 여실히 드러낸 단면이다.

2009년 남북 장관급 회의에서 북한의 국토환경성 장관과 남한의 환경부 장관이 만났는데 북한 측이 의아하게 반응하였다고 한다. 북한에서는 남한의 환경부와는 어차피 말이 통하지 않을 것이라 생각하고 있었다는 후문이다. 북한에서는 조림과 산림보존을 국토환경성이 담당하고 목재생산은 임업성 관할이다. 그러니 북한 입장에서는 남한의 환경부 장관과의 산림협력 사업이 어울리지 않는 조합인 것이다.

대북 협력사업에 있어서 환경부는 여러 면에서 미덥지 않다. 환경부 연간 세출 예산은 5조 4천억 원을 약간 넘는데 이중 65%는 상하수 관리에 쓰인다. 과거 국토부의 사업인 상하수 관리를 환경부로 이관하면서 환경청이 가까스로 부로 승격됐기 때문이다.

상황이 이렇다 보니 환경부가 신경 써야 할 자연환경 보전에 쓸 수 있는 예산은 10% 미만이다. 습지 보전, 자연 공원 관리, 생물 다양성 증진 등 지원이 필요한 분야는 많지만 예산은 턱없이 부족하다. 환경문제를 주로 공학적 해결 대상으로 여기는 정부 내 다른 부처와 힘겨루기에 지친 환경부가 '북한 산림 복원' 사업에 얼마나 힘을 기울일 수 있을 지는 의문이다.

하지만, 산림청은 북한 산림 복원을 담당할 만한 최적의 행정기관이자 전문가집단임에도 불구하고 사업을 수행할 준비가 전혀 되어 있지 않은 실정이다.

내부 조직을 보면 그 사실을 한 눈에 알 수 있다. 산림청에서 대북 산림협력을 맡고 있는 사람은 산림자원국 소속 산림자원과의 과장 한 사람뿐이다. 그나마도 대북 산림협력은 그가 맡고 있는 수십 가지 업무 중 하나다. 산림청에서 북한산림의 비중이 어떤 의미를 차지하고 있는지 보여주는 단적인 예이다.

아쉬운 점은 그 뿐만이 아니다. 언젠가 시민사회단체들이 대북 산림협력을 위해 북한이 원하는 유실수를 지원해달라는 내용의 사업지원서를 통일부에 제출했다. 여기에서 유실수란 주민들이 나무를 심어서 키우면 먹을 수 있거나 유용한 열매가 열리는 나무들, 즉 밤나무, 잣나무, 감나무, 대추나무 등이었다. 그런데 통일부가 이 안을 거부했다. 이유는 산림청이 이 사업이 타당하지 않다고 했기 때문이다. 그런데 나중에 내막을 알고 보니 유실수는 산림청 주관이 아니라는 것이 거부의 이유였다. 열매가 열리는 과실수는 농림축산식품부 소관이었다.

이럴 때 북한 산림 복원이라는 궁극의 목표를 먼저 생각했다면 산림청은 결정권을 농림축산식품부로 넘겼어야 한다. 통일부도 산림청의 양해를 받아 농림식품부에 지원 가능 여부를 물었어야 한다. 하지만 그런 일은 일어나지 않았다. 뒤에 그 사실을 알게 된 시민사회단체는 기가 막혔지만 이미 사업불가 판정이 난 뒤였다. 이런 일들이 생기는 것도 모두 북한 산림의 심각성이나 대북산림협력의 기본 취지보다는 부처의 이해

우선의 사고 속에서 벌어지는 것이다.

북한 산림 복원은 많은 부처들이 참여해야 하고 각 부처마다 고유의 역할이 수행해야만 하는 복합적 사업이다. 분명 통일부, 산림청, 환경부 등 소수의 부처가 단독으로 할 수 있는 일은 아니다. 통일 이후에는 더 복잡해진다. 부처 간의 이해다툼도 더욱 치열해질 것이다.

이러한 남남갈등으로 오히려 대북 산림협력 사업의 대상자인 북한의 수요 파악에는 무심한 측면이 있는 게 사실이다. 대북 사업임에도 우리 중심으로 사업을 추진하고 있는 것이다.

또한 북한 산림 복원 사업은 식량, 에너지 사업 분야와도 긴밀한 협력 체제가 구축되어야 성공할 수 있다. 북한이 근본적으로 식량난에서 벗어나려면 산림을 복구해야 하지만, 이를 위해서는 산림이 파괴되지 않도록 에너지와 식량 문제를 해결해 주어야 하는 것이다. 그래서 산림 분야 사업은 다른 어떤 분야보다도 광대하고 복합적이다.

주요 이해당사자들 간에 역할 및 협력 범위(scoping) 결정, 그리고 구체적인 전략에 대한 충분한 협의가 이루어지도록 우리 내부의 균열을 최소화해야 한다. 이를 위해서 정부는 시급하게 현재의 뒤엉킨 체제를 정비하고 전문성과 추진능력을 가진 컨트롤타워를 마련해야 한다. 그것이야말로 북한 산림 복원을 성공적으로 이끄는 데 가장 가장 시급하고도 중요한 첫 걸음이다.

대북 산림협력 최대의 장애물은 북한이 아닌 한국

사실 한국은 지난 15년간 북한산림 복원을 위해 적지 않은 예산을 쏟아 부었다. 하지만, 통일된 사업시행 원칙도, 힘의 균형을 보장할 장치도 없는 '민간차원' 중심의 사업 전행 방식은 남북한 사업 당사자들 사이에 많은 혼란을 야기 시켰고, 이는 곧바로 사업의 효율성 저하로 나타났다.

대북 산림협력의 가장 큰 장애요인은 앞에서 언급한 바 있듯이 정권별 대북정책 및 남북관계 변화다. 지난 15년간 대북산림협력 과정에서 남과 북은 상당한 수준의 '신뢰관계'를 쌓아왔다. 하지만, 2010년 5·24 조치 이후 남북관계가 경색되면서 지난 10년 간 힘들게 쌓아온 신뢰가 한순간에 무너져 버렸다. 그리고 강원도, 경기도 등의 지자체는 물론, 유한킴벌리, 〈평화의 숲〉, 〈겨레의 숲〉 등에서 추진하고 있던 방대한 규모의 사업들이 중단됐다. 금강산에서 대북 산림협력 사업을 10년간 해온 한 유한킴벌리사의 한 관계자는 이렇게 말했다.

> 금강산에서 10년간 산림협력 사업을 했습니다. 이 사업은 북한에서도 성공사례로 언급되며 홍보가 됐습니다. 즉 그만큼 북한 측의 신뢰가 있었다는 뜻입니다. 그래서 저희는 금강산에서는 북한 주민들처럼 자유롭게 다녔습니다. 군인들도, 주민들도 다 제 얼굴을 알고 있었고 만나면 서로 인사도 하는 사이였습니다. 저는 남한에 있을 때나 북한 금강산에 있을 때나 똑같은 편안함을

느꼈을 정도입니다. 그래서 북한 측과 사측을 중개하며 대규모 산림협력 사업을 준비하고 있었습니다.

그런데 그 모든 것들이 물거품이 되어버렸습니다. 이제 돌아가면, 그때 저와 친하게 지냈던 지역 군부와 당 간부들이 그대로 있을지도 모르지만, 다시 사업을 시작하고 그들이 그 자리에 그대로 있어도 예전처럼 저희를 믿어줄지도 의문입니다. 대북 사업은 철저하게 소통과 신뢰를 구축하는 싸움입니다. 하루하루 날이 갈수록 발만 동동 구르고 있습니다. 다시 북한에 가도 새로 사업과 신뢰를 시작해야 하는 겁니다. 10년 간 쌓은 공든 탑이 다 날아갔습니다.

대북 산림협력사업 사업추진 체계

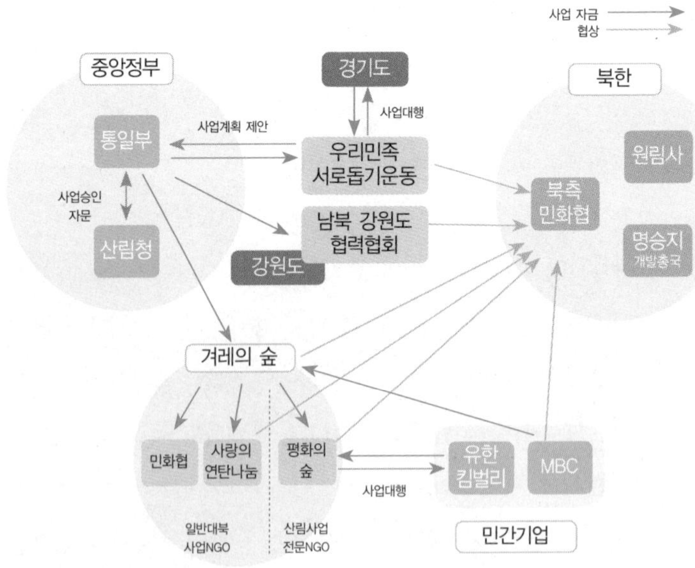

두 번째 문제는 기업, 지자체, 민간 기업에서 제공되는 다양한 재원을 하나의 통일된 원칙에 의해 운용할 시스템이 없다는 것이다. 자연히 사업도 일관성이 없고 제각각이다. 참여하는 이해 당사자들의 관계와 역할에 따라 사업 추진 방식이나 지원 기준과 규모가 천차만별인데다가 재원을 제공하는 조직의 사업 추진 목표와 비전, 정치사회적 특성과 역량이 대북 산림협력 사업의 성과와 사업의 지속가능성에 절대적인 영향을 미친다.

북한의 입장에서 봤을 때도 우리의 대북 협력 정책이 일관성이 없고 단체별, 재원별로 다른 성격을 갖고 있다 보니, 치열한 정보전을 벌이며 보다 '상대하기 쉽고 자기들에게 유리한 방식' 으로 협상을 하는 데 신경을 쓸 수 밖에 없다.

세 번째는 통일부가 대북 산림협력을 주관하고 있다는 것이다. 산림협력의 주체는 당연히 주무관청인 산림청이어야 한다. 사업의 특성상 통일부가 배제될 수 없다면 동일한 결정권을 가진 공동사업 주체라도 되어야 마땅하다. 그런데 현재 사업운용방식은 통일부가 주로 결정을 하면서 산림청은 주로 시민사회단체가 통일부에 신청한 사업계획의 타당성을 검토하고 기술적, 정책적 자문 역할을 해주는 데 머물고 있다.

이런 시스템으로 인해 가장 큰 어려움을 겪고 있는 건 대북 산림협력 사업에 참여하고 있는 시민사회 단체들이다. 이들은 주무부처인 산림청이 더욱 적극적으로 나서서 사업의 방향성과 방법을 제시해주고 정책적, 제도적 지원을 해주기를 기대하고 있다. 특히 지금처럼 심각한 황폐화 상태에 있는 북한 산림을 되살리기 위해서는 주무부처의 장기적인 정책수립과 방향 설정, 사업 추진을 위한 로드맵 수립이 필요하다는 의견이다.

네 번째는 현행법상 중앙 혹은 지방정부가 북한과 직접적인 접촉을 통해 대북 협력 사업을 추진하는 것이 불법이기 때문에 불필요한 비용을 야기시킨다는 점이다. 북한은 중앙 당의 통제를 받는 단일창구가 있다. 반면 우리는 통일부는 물론 지자체도 시민사회단체를 통해서 사업을 추진하고 있다.

이렇게 사업비를 지원하는 조직과 사업을 시행하는 조직이 이분화 되어 있는 구조적 문제는 협상 우선권과 사업추진과정에서 의사결정권을 약화시키고 북한과의 관계나 사업을 대행하고 있는 시민단체와의 지속적이고 안정적인 신뢰관계를 전제로 하고 있어 사업 진행에 불필요한 비용을 지불해야 한다는 치명적인 단점이 있다.

다섯 번 째, 민간기업의 참여를 방해하는 높은 진입장벽이다. 재원 확보면에서 북한 산림 복원은 정부는 물론 민간차원의 참여를 더욱 활성화시켜야 하다. 그런데 기업에는 대북협상 전문가도 북한에 관한 정확한 정보망도 없기 때문에 정부나 외부 시민사회단체를 의존할 수밖에 없게 된다. 또한 북한의 폐쇄적인 태도로 인해 현장에 접근조차 할 수 없는 상황이고 보니, 결국 기업은 재원만 제공할 뿐, 기업의 조직이 참여해서 경험을 쌓을 수 있는 기회가 거의 없을 뿐더러, 애써 참여한 사업 조차 기업의 이윤 창출이나 이미지 제고에 활용할 수 있는 여지도 없기 때문이다.

3 국제기구와의 협력을 어렵게 하는 장애물들

한반도 정치상황 극복과 국제기구와의 협력

북한은 현재로서는 정치적으로 껄끄러운 한국의 직접사업 참여보다 국제기구와의 다자관계 또는 국제기구의 참여를 선호하는 편이다. 지난 20년 동안 국제기구들은 보다 실용적인 정책을 통해 북한과 상당한 신뢰관계를 쌓아왔다.

앞에서 언급했다시피 우리의 대북지원 사업에서 가장 어려운 점이 정권이 바뀔 때마다 대북정책이 변화된다는 점이다. 또한 5.24조치 이후에는 한국의 사업 추진이 실질적으로 끊겼다.

그러나 UN과 몇몇 양자기구(호주, 독일, 스웨덴, 스위스), 그리고 유럽연합지원계획 European Union Project Support(EUPS) 등의 국제기구는 정치이슈와는 상관없이 북한과 신뢰를 쌓으며 안정적으로 장기간 사업을 추진해왔다. 이처럼 국제기구와의 협력은 북한의 폐쇄성으로 인한 접근성 문제를 해결할 수 있는 통로다.

우리 내부의 정치적 변화로 인한 통합적, 장기적 대북 산림협력 시스템이 없는 상황에서 국제기구는 매우 유용하다. 또한 국제협력은 북한과의 협력채널을 확보, 강화할 수 있으며 북한의 개방, 개혁을 유도하며 궁극적으로 정상국가화, 국제사회로의 편입을 유도할 수 있다.

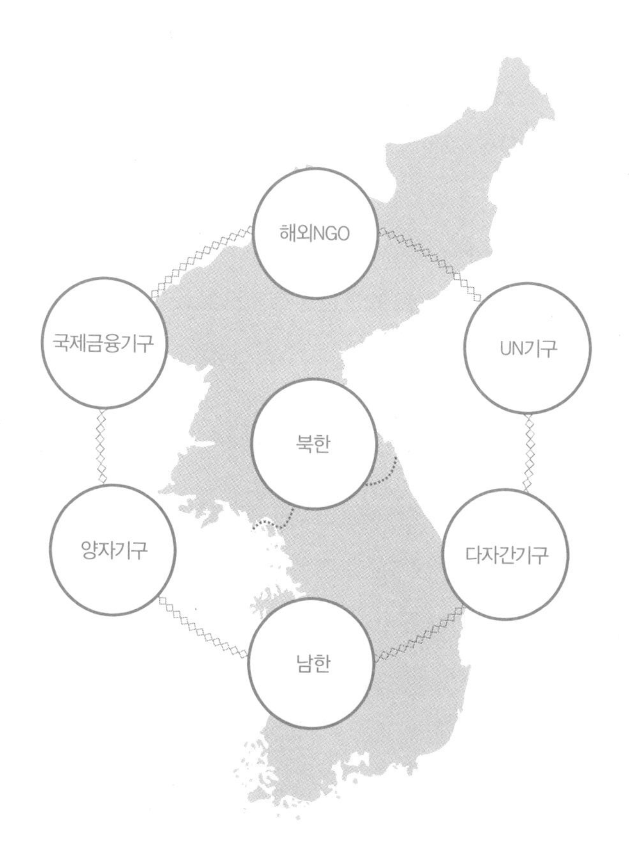

또한 북한 내 국제적 규범 및 절차를 확산시키고 북한의 국제적 연대를 확대하면 사업 지속성이 확보될 뿐아니라 국제기구와의 협력과정을 통해 지원체계를 바로잡고 우리 측의 역량을 강화할 수 있다. 세계은행(World Bank, WB), 아시아개발은행(Asian Development Bank, ADB), 유럽부흥개발은행(European Bank for Reconstruction and Development, EBRD), 유엔개발그룹 등은 베트남, 캄보디아, 라오스와 같은 체제전환국이나 취약국에 개발지원 사업을 이행한 경험이 있다.

예산 부족의 문제도 양자기구, 국제금융기구, 환경기구 등을 통해 해결이 가능하다. 실제로 2009년 기준으로 양자간 기구는 910억 달러의 ODA기금을 북한에 지원했고, 다자간기구도 370억 달러를 지원했다.

산림협력 사업도 현재 이슈화되고 있는 기후변화, 생물다양성 감소 그리고 사막화와 같은 국제환경 문제와 연계하면 당위성이 확보된다. 국제환경이슈는 21세기에 급부상한 분야로써 2010년까지 150여 개 다자 환경 협약과 1000여 개의 양자협약이 국가와 기구들 간에 체결되었다.

북한은 이 중에서 단지 소수의 정부간 협정과 협약의 당사국으로 유엔 생물다양성 협약, 유엔 기후변화 협약, 유엔 사막화방지 협약 그리고 국제 식물보호 협약 회원국이다. 스위스, FAO의 유엔 사막방지화 협약(UNCCD), 기후변화에 관한 정부간협의체(IPCC) 등이 대표적으로 북한에서 사업을 진행한 경험이 있으며, 북한은 이들 협약에 가입 및 지원을 요청하기 위해 현재 북한의 상황에 대한 국가 보고서를 제출하고 있다.

식량지원사업 OK, 산림 복원은 산너머 산

하지만 이런 활동들이 실제 북한 산림을 복원하는 단계까지 나아가는 데에는 한계가 있다. 국제연합은 이미 1990년대 초 북한 산림이 심각하게 훼손된 것을 목격하고 환경개발협약(UNCED)를 통해 1993년 5월, 〈아젠다21의 수행을 위한 북한의 국가적 활동계획〉을 채택했다. 그 가운데는 훼손된 북한의 산림을 복원하기 위한 다양한 지원계획이 포함됐다.

그러나, 그 이후 북한이 기상 난동으로 인한 심각한 식량난으로 고통을 받기 시작하면서 이들의 계획은 시도조차 못한 채 산림자원 감소, 생태계와 환경의 훼손은 더욱 심각해져갔다. 북한에서 가장 활발하게 활동하고 있는 국제기구 중 하나인 UNDP도 북한 산림 복원을 계획한 바 있다. 많은 국제기구 가운데 UNDP는 국제기구 활동의 모범사례로서 주목받고 있다.

UNDP는 1998년 5월 및 11월 제네바에서 취로사업(Food For Work, FFW) 프로그램을 포함한 실천 계획을 수립, 2000년까지 곡물 600만 톤 생산, 이후 장기적인 식량안보조성을 위한 전략을 제시했고 산림 복원 계획까지 수립했다. 그러나 UNDP 역시 식량지원에 그쳤을 뿐 산림 복원을 위한 조직구성 및 자원 확보에 실패하고 말았다.

한국을 비롯해 국제 기구, 종교단체의 지원으로 시작된 사업들도 운영에 어려움을 겪고 있다. 북한 임업성은 북한 전역에 90개의 양묘장을 운영하고 있는데, 1995년과 1996년 홍수로 인해 30개가 큰 피해를 입었다. 그 중 16개는 북한이 자체적으로 복구하였으나 나머지는 결국 복구에 실패하고 그 지역에 약 2만 헥타르의 연료림을 조성하는 것으로 대체됐다.

이 외에도 국제기구로부터 지원받았거나 진행중인 산림복원 협력 사업들은 다음과 같다. 아래의 사례에서 알 수 있는 것은 국제기구의 산림 협력 사업의 규모가 대체적으로 약 백만 달러 내외로 소규모라는 점이다. 이에 관해 '국제기구가 북한의 산림분야에 대해서는 식량구호 만큼의 심각성을 공감하지 못했기' 때문이라는 지적도 있다.

국제기구의 북한내 산림협력사업

사업명	기간	사업 내용
묘향산 국립공원 지역에서의 생물다양성 보호	2004.1-2007.3	UNDP와 WEF로부터 100만 달러 지원
식량구호를 위한 수질자원 통합관리	2009-2011	EU로부터 150만 달러 지원
산림지역 주민들의 식량난 해결과 삶의 질 개선을 위한 지원	2009-2011	평안남북도의 향산군, 평안남도의 개천시, 황해남도의 옹진군과 개령군에서 산림복구, 혼농임업, 산림병해충 방제
용안산, 정방산 병해 충 방지사업/지속가능한 산림 관리 가능성 구축	2012-2015	FAO 지원
혼농임업을 위한 국가 전략과 실행계획 개발	2014.2-12	스위스 양자기구 지원
식량구호와 재해방지 위한 계획	2013-2014	독일 양자기구 지원

이처럼 국제적인 신임도가 낮은 북한은 한국의 지원이 없이는 국제기구로부터 필요한 만큼의 재원과 도움을 받는데 정치경제적인 한계가 있는 상황인 것을 짐작할 수 있다. 또한 그나마도 진행된 사업에서는 산림복원 사업의 필수 성공조건인 지속적인 모니터링을 하다가 마찰을 빚어서 사업이 수포로 돌아간 사례가 허다하다.

조직별 대북지원사업에 대한 강점 및 한계점

	강점	한계점
UN	•대북지원에 대한 국제적 공감대 확보 용이 •비정치적 접근 가능 •지원 규모가 큼 •장기간 교류로 북한과 신뢰관계 구축 •통합적 관리로 상호보완성 극대화	•국제정치적 변수에 많은 영향을 받음 •북한의 과도한 경계로 사업수행에 제약 •장기개발사업에 소극적 •북측 요구 방향으로만 진행되는 경향 •지원규모 적어질수록 기구들 간 경쟁 심화 •북한 계약자의 부재로 사업 진행 어려움 •남한의 사업 통제 능력이 떨어질 수 있음 •공여국들의 자금지원에 크게 의존
양자 기구	•원조 규모가 큼 •비정치적 인도적 지원을 지속적으로 추진하는 국가가 일부 있음 (호주, 독일) •일부 기구 북한 내 상주하고 있음 (스위스, 이탈리아, 유럽연합)	•수원국의 주인의식과 주도적 노력을 전제 •미국, 캐나다, 일본 등 국가의 경우 정치적 상황에 큰 영향을 받음 •북한과 주요 공여국들 사이의 외교관계가 아직 활발하지 않음
해외 NGO	•북한에 상주하고 있으면서, 장기간에 걸쳐 지속적으로 대북지원 추진 •원조 다양화 통해 재원 확보 가능 •북한 접근성 높음 •현장 사업 경험 풍부 •정보 취득 용이 •지원/훈련 프로젝트 결합에 많은 관심	•북한에 의해 모니터링 활동 등이 제한됨 •소규모 사업 중심 추진
금융 기관	•사회주의 체제전환 국가에 대한 개발 지원전략을 추진한 경험이 많음 (WB, ADB, etc.) •큰 규모의 재원 조달이 가능 (특히 인프라 등 초기 민간투자 어려운 사업)	•북한이 주요 국제기금에 등록되어 있지 않음. •북한 지원에 대한 관심이 부족함 •시장경제체제로의 전환을 전제

대북 산림협력을 위한 협력 가능한 잠재적 국제 조직들의 분류

	강원도	식량·농업	환경	에너지
사업개발 및 시행	-UNDP, FAO, WFP -한스자이델재단, 머시코, IUCN -동북아산림포럼, AFoCO	-UNDP, FAO, IFAD, WFP -SDC, SIDA, BMZ -한스자이델재단, Samaritan's Purse, 머시코, 미국친우봉사회, GAA	-UNDP, UNEP, UNESCO	-UNDP, UNIDO -SIDA -GAA
기술지원 및 협력	-UNDP, FAO -IUCN	-UNDP, FAO -SIDA, BMZ	-UNDP, UNESCO, UNEP	-UNDP -SIDA -노틸러스연구소 -GTI
역량개발	-UNDP -한스자이델재단	-UNDP, FAO, WFP -SIDA, BMZ -한스자이델재단, 머시코, 미국친우봉사회	-UNDP, UNEP -한스자이델재단	-UNDP -한스자이델재단, 노틸러스연구소
법·제도 개발 및 개선	-UNDP	-UNDP	-UNDP	-UNDP
위험관리	-UNDP, UNOPS	-UNDP, UNOPS	-UNDP, UNOPS	-UNDP, UNOPS, UNIDO
재정지원	-UNDP -동북아산림포럼, AFoCO, GGGI	-UNDP, FAO, IFAD, WFP -AusAid, SDC, BMZ, EC, JICA, USAID, CIDA, AusAID, SIDA, DFA, 이탈리아개발협력청, DFA -CFGB -AF	-UNDP -AusAid -GEF, GCF, GM -GGGI	-UNDP -USAID, SIDA, DFA(중국)

다자간 협력 경험을 통해 얻은 진실, 한국만이 해답이다.

또 다른 예로는 북한과 한국, 국제기구와 다른 나라들과의 협력 사례가 있다. 아시아 5개국에 의해 시작된 두만강 경제개발(Greater Tumen Initiative, GTI) 사업이 대표적이다. 1991년, 중국, 몽골, 러시아, 북한과 한국이 공식적으로 두만강 경제개발 지역과 동북아시아 개발을 위한 협력 위원회의 설립 동의서를 체결하고 정부 간 협력 기반을 위한 법적 기초를 만들었다. 공동 작업의 주요 분야는 에너지, 무역, 투자, 수송 그리고 관광이었다. UNDP가 한국과 함께 이 사업에 뛰어들었다. 그리고 20년 후 두만강지역을 자유경제지역으로 발전시켜 투자를 유치하고 지역적 수송과 무역의 허브로 만들계획을 세웠다.

주변국들은 이 지역에서 시작할 투가가치가 높은 사업을 고려했다. 전통적 약용식물산업(제약사업)은 북한과 중국의 관심사였다. 어업은 북한과 러시아의 것이었다. 중국은 또한 식량과 직물산업에, 러시아는 조선과 방위산업에 관심을 가졌다. 그 요구를 반영한 프로젝트 필요예산은 300억 달러(약 33 조원)였다. 하지만, 결국 이 프로젝트는 수포로 돌아갔다. 북한의 낮은 대외신용도로 인해 외자유치가 불가능해지자 북한은 사업팀에서 돌연 이탈했다. 북한의 개혁 개방을 이끌어냈던 두만강 개발 사업은 1993년부터 대두되었던 북핵문제로 인한 북미 대결과 한반도의 군사적 긴장, 그리고 선군정치와 자립적 민족경제를 포기하지 않은 경직된 북한의 정치경제 시스템도 외자유치를 어렵게 했다.

그러나 두만강 개발 사업은 국제기구가 추진하는 사업에 남북한이 공동으로 참여하여 남북교류를 확대하고 북한이 제한된 개방정책을 추진한 점에서 중요한 의미를 지닌다. 또한 남북한의 정치, 군사적 위험과 북한의 정치경제적 경직성을 극복했을 경우 국제기구를 통한 다자간 협력의 틀을 보여주었던 사례라고 할 수 있다.

국제기구와의 협력은 분명 재원의 안정성이나 정치로부터의 자유로움, 다양한 사업개발 경험 등의 이점이 있다. 그러나 단점도 없지 않다. 먼저 국제 협력을 통한 북한 지원은 남북한 직접 협력보다는 남북한 간 신뢰형성 효과가 떨어진다. 또한 국제기구의 북한 지원과 우리의 북한 지원이 목적이 다르다. 우리는 정치적으로 접근하는 반면 국제기구는 비정치적으로 접근하기 때문에 그 차이에서 오는 마찰과 불필요한 비용 발생을 피할 수 없다.

무엇보다 산림전문가로서 아쉬운 점은, 국제적 산림전문가들이 많아도 그들이 북한 산림 전문가들이 아니라는 사실이다. 우리도 정보가 없기는 마찬가지 이지만 그들에게 더 많은 정보와 역할을 기대하는 것보다 한국이 그들이 능력을 발휘할 수 있도록 정보를 제공하고 협력의 윤활유가 되어야만 한다.

또한 국제사회에서 북한의 낮은 신용도도 국제기구와의 협력을 어렵게 하는 중요 원인이다. 게다가 북한은 국제기구들에 대해 매우 폐쇄적이다. 물론 FAO, UNDP, UNEP, UNESCO 등 산림과 환경분야 기구에 대해서는 북한내 활동을 허락하고 상주 자격을 부여하기도 했으나 그 외 금융 관련 기구나 인권기구의 북한 내 활동을 허용하지 않고 있다.

마지막으로 우리가 북한에 대한 정보도 충분치 않을 뿐더러 대북지원을 할 때 국제기구와 협력을 할 준비가 되어 있지 않다는 사실을 인식해야 한다. 무엇보다 한국은 대북 산림협력 사업에 대한 기본 방향조차 갖고 있지 않다. 게다가 국제기구와 글로벌 의사결정자 중에 한국사람이나 한국에 우호적인 인사가 그리 많지 않기 때문에 국제기구의 의사결정과정에 참여할 수 있는 인재를 키우는 것도 시급하다.

이상과 같이 지난 20여년간 국제기구와 남북한 사이에 이루어진 대북 산림협력의 진행과정을 살펴보았다. 정치적 사회적, 환경적 시각에 따라 다양한 의견과 평가들이 가능하겠지만, 누구라도 공통적으로 동의할 수 있는 결론이 있다면, 그것은 '우리 앞에 어떤 장애물과 걸림돌들이 있다 해도 한반도의 미래를 위해 대북 산림협력은 반드시 성공시켜야 하며 그 성공 여부가 한국에 달려 있다' 는 것이다.

한국이 좀 더 일찍 북한 산림의 위기의 심각성을 인식하고 조금만 더 장기적인 안목으로 접근했다면 북한 산림이 지금과 같은 상황이 되는 것을 막을 수 있었을 것이다. 하지만 지금도 늦지 않았다. 죽어가는 북한 산림을 살리고 기아선상에서 헤매는 주민들을 살릴 열쇠는, 지금 이 순간에도 여전히 우리의 손에 있다.

1982년 미국 예일대학에 유학했을 때의 일이다. 예일대학 산림환경대학원은 미국에서 가장 많은 산림청장을 배출해 '산림 행정사관학교'라 불리며 산림학계에서 권위를 인정받고 있는 대학이다. 그곳에서 만난 나의 담당교수는 갓 유학 온 나에게 한국의 조림 성공 사례에 대해 발표하라는 과제를 내주었다. 나는 뜻밖의 과제에 당황했다. 우리나라가 그런 성공을 이룬 나라인지 전혀 모르고 있었기 때문이다. 당시만 해도 우리의 조림 사업이 얼마나 놀라운 성공 사례인지 어떤 의미인지 대부분의 국민들이 인식하지 못한 때였다.

빈곤한 국가가 산림을 가꾸는 것은 선진국보다 몇 배나 더 어렵다. 아니, 거의 불가능하다고 할 수 있다. 흔히 경제발전과 산림보전은 같이 갈 수 없는, 등을 맞댄 적이라고 한다. 가난했던 시절, 사람들의 먹을거리는 대부분 숲에서 나오고, 국

3

북한 산림 복원과 한국의 가능성

가 개발을 위한 성장 동력 대부분이 숲에서 나오기 때문이다. 산업화의 원동력인 화석연료 또한 숲에서 나오는 탓에 경제가 성장할수록 숲은 파괴될 수밖에 없는 운명인 것이다.

오늘날 세계의 산림전문가들은 한국의 녹화성장을 대표적인 숲 디커플링 사례로 꼽는다. 고도성장과 함께 민둥산이 푸른 숲으로 변하고 임목축적량이 계속 증가한 것은 경제성장과 산림보전이 동시에 이뤄진 이상적인 '근대적 산림 성장'이라는 것이다. 지금같이 어린 나무가 있는 상황이 아니라, 아무 것도 없는 민둥산을 숲으로 만든 것이다……

1 한국 산림녹화 역사를 다시본다

세계가 극찬한 20세기의 기적, 한국의 산림녹화

한국은 산림이 사막화되기 직전 기적적으로 산림녹화에 성공하여 오늘날의 푸른 숲을 만들었다. 한국 전쟁이 끝난 직후인 1956년 우리나라는 산림 절반이 민둥산이었다. 1960년대에도 상황은 나아지지 않았다. 땔감이 없어 야산의 솔잎까지 긁어서 아궁이에 불을 지폈고 헐벗은 산에는 송충이가 들끓었으며 비가 조금만 와도 토사가 쓸려내려가 홍수가 나고 애써 키운 농작물을 고스란히 잃어버리곤 했다.

그런 '회복불가능'이라 여겨졌던 한국의 황무지가 푸른 숲으로 변하자 세계는 찬탄을 금치 못했다. 유엔은 '제2차 세계대전 이후 유일한 산림녹화 성공 사례'라고 평가했고, 세계적 환경운동가인 레스터 브라운은 '한국의 산림녹화는 기적이며 개도국의 성공 모델'이라고 높이 평가했다. 아힘 슈타이너 당시 유엔환경계획 사무총장도 '지구촌의 자랑거리'라고 극찬했다. FAO (유엔식량농업기구)는 독일, 영국, 뉴질랜드 등 산림선진국과 함께 한국을 세계 4대 조림 성공국이라 발표했다. 한국은 이스라엘과 함께 20세기의 대표적인 녹화사업 성공 국가로 알려져 있다.

가난한 나라의 상징과도 같던 벌거벗은 산림이 불과 수십 년 만에 어떻게 오늘의 모습을 갖췄을까. 어떻게 단 기간에 전 국토에 110억 그루의 나무를 심고 곡괭이도 들어가지 않는 메마른 땅 74만 헥타르의 광활한 황무지에 사방사업을 실시했으며, 산에 은닉해서 살고 있던 화전민 33만 가구를 이주시킬 수 있었을까.

1962년 10월 21일 당시 국가재건최고회의 의장이었던 박정희 전 대통령이 마을 주변이 온통 벌거숭이산으로 둘러싸인 경주시 외동읍의 한 조그만 시골마을을 방문했다. 이날 경주에서 열린 전국 시장군수산림기술자 대회에 참석한 뒤 외동읍 냉천리 사방현장을 돌아 본 박 전 대통령은 냉천 2리 새터 마을 어귀에 '히말리아시다' 한 그루를 심었다.

그때 심은 '히말리아시다'는 2003년 태풍 매미로 쓰러졌다. 주민들은 나무를 인근으로 옮겨서 나무를 다시 살려내고 작은 공원을 조성했다. 현재 그 나무는 둘레 약 2m에 높이가 20m 정도에 이를 정도로 자랐다. 주민들은 현장에 조그만 비석을 세우고, '비록 좁고 작은 터에 있는 나무 한그루 일망정 조국웅비의 뜻이 자못 장대했음을 기억함에는 모자람이 없어 이 뜻을 기려 작은 돌을 세운다' 라고 새겨 이 나무가 우리나라 산림녹화의 기폭제가 됐음을 기리고 있다.

박정희대통령과 한국의 조림 성공신화에 관해 항상 회자되는 이야기가 있다. 경주에 외동에 히말리아시다를 심었던 무렵인 1962년, 박대통령은 농림부에 국가 차원의 산림녹화 사업을 지시했다, 하지만 아무런 성과 없이 시간만 흘러갔다. 그러던 중 1965년 박대통령은 미국을 방문할 기회가 있었다. 당시 동양통신사 워싱턴 특파원이었던 김성진씨는 대통령에게 미국 방문 중 가장 인상 깊은 게 뭐였느냐고 물었다. 그때 대통령은 이렇게 대답했다.

> 미국 어디에 가더라도 볼 수 있는 저 푸른 숲 말이야. 저게 참 부럽군. 미국에서 가져갈 수 있는 게 있다면 난 저 푸른 숲을 몽땅 가져가고 싶어.

하지만 농림부에선 5년동안 아무런 성과를 내지 못했다. 1967년 박대통령은 농림부 안에 산림청을 신설하고 거듭 사업 착수를 지시했으나 다시 5년이 지나도록 이렇다 할 성과가 없었다. 당시 가장 큰 문제 중의 하나는 산림청을 내무부로 이관해야 하는 것이었다. 박대통령은 산림녹화를 성공시키기 위해 농림부 산하의 산림청을 내무부로 옮겼다. 그제야 박대통령이 원했던 산림녹화 사업이 시작됐다. 원래 10개년 계획이었던 산림녹화는 대성공을 이루어 당초 계획보다 3년 앞당겨 완료했다.

한국의 조림 성공은 10년간의 성과 없음을 묵묵히 참고 지속적인 지지를 보낸 박 대통령의 작품이라고 할 수 있다. 1, 2 차 녹화사업이 이루어진 73년부터 88년까지 16년간 204만 5천 헥타르를 조림했는데 이때 동원된 인원만 총 천만 명에 이르는 엄청난 사업이었다.[1] 그러나 안타깝게도 박 대통령은 생전에 자신이 그토록 기대했던 작품의 완성을 직접 보지 못하고 세상을 떠났다.

1950년대 한국 산림, 사막화 문턱까지 갔었다

해방 당시 남한의 인구는 북한에 비해 약 1.6배 많았던 반면, 산림면적과 목재량은 북한의 절반에 불과했다. 인구가 많고 산림자원이 빈약한 남한의 1인당 입목축적[2]은 4.7m³로, 북한의 1인당 임목축적규모의 36%에 불과했다.[3]

그런 한국 산림을 악화시킨 첫 번 째 원인은 한국전쟁이었다. 한국전쟁 기간이었던 1952년, 흔히 민둥산이라고 부르는 무립목지(나무가 없는 지역)가 당시 산림면적의 절반이 넘었고 그나마 나무가 있는 입목지(나무가 있는 지역)의 헥타르당 평균 임목축적은 약 10m³에 불과했다.[4]

전 국토가 전쟁터였고 그로 인한 사회는 극도의 혼란 상태였다. 그 틈을 타 생계형 무단벌채가 횡행했고 굶주린 사람들은 산간지역을 화전으로 일구어 그곳에 정착했다. 전쟁으로 인한 산림의 2차적 피해로 인해 한국 산림은 하루가 다르게 황폐화되어갔다. 단지 산림자원뿐 아니라 산림을 보호하기 위해 설치한 사방시설물까지 파괴되어 여름철 집중 강우로 인한 피해 또한 적지 않았다. 한국전쟁은 한국 산림을 사막화의 문턱까지 몰고 간 결정적인 원인이었다.

두 번째 원인은 급격한 인구증가였다. 1950년의 인구는 1945년에 비해 무려 570만명이상 증가했다. 전쟁에도 불구하고 인구가 급증한 것은 해방 이후 일본과 만주로부터 귀국한 320만여 명의 해외동포와 이북에서 남하한 250만여 명의 실향민 때문이었다.

이들로 인해 1950년대부터 신탄(薪炭)이 1차 에너지에서 차지하는 비중은 90.5%로 절대적이었고 1960년이 되어서도 62.5%를 차지했다.[5] 또한 주거를 위한 목재 소비량과 생계형 화전 및 무단벌채도 늘어났다.

해방 이후 1960년까지는 경제 및 사회적으로 빈곤과 혼란의 시기였다. 1950년대 말에 전후 복구가 거의 마무리되었으나 이 시기부터 미국의 원

현재의 북한보다 심각했던 1960년대의 한국산림. 이 민둥산은 16년 만에 기적적으로 울창한 산림으로 변했다. 자료출처: 산림청

조가 줄어들면서 경제사정은 여전히 어려움을 면치 못했다. 1960년대 말까지는 자립경제의 기반을 구축하는 것이 가장 시급한 과제였다. 경제개발 역시 중공업과 수출에 역점을 둘 수 밖에 없었다. 시간이 갈수록 산림이 심각하게 황폐화 되어가고 있었지만 재정 부족과 함께 산림자원과 환경에 대한 국민의 인식 부족 및 관심 부족으로 산림정책은 늘 뒷전으로 밀릴 수밖에 없었다.

더구나 농촌지역의 경제여건은 도시보다 훨씬 더 어려웠다. 1960년대까지 농업 생산성은 여전히 제자리걸음을 계속했고 침체된 농촌 경제로 인해 농민들은 일년내내 농사를 지으면서도 배불리 먹지 못했다. 해마다 농민들은 보릿고개를 겪어야 했다.

이로 인해 농업인구가 점점 줄어들기 시작했다 1960년대 정점에 달했던 농업인구는 1967년 이후 매년 급격히 감소했다. 결국 1960년에 남한 전체 인구의 약 60%에 달했던 농촌인구가 1974년에는 약 40%로 줄어들었다.[6] 농촌이 죽어가는 상황에서 산림의 자력 복구는 기대하기 어려웠다. 오히려 농민들에 의한 연료의 확보와 경작지 확대를 위한 훼손이 가속화됐다.

1960년대 산림녹화, 왜 실패했나

임시 정부는 해방 이듬해인 1946년에 식목일을 제정했고 1951년에는 한국전쟁 중임에도 불구하고 산림보호임시조치법을 제정해서 산림 황

1950-60년대의 헐벗은 국토는 곧 가난하고 궁핍한 한국을 상징했다. 자료출처:산림청

폐화를 막으려 했으나 이를 시행할 만한 재정과 행정력의 부족으로 인해 전혀 실효를 거두지 못했다.

또한 산림녹화 추진의 주체인 정부가 엄격한 법 시행에만 의존한 것도 문제였다. 국민과 직접적인 땅의 소유주들의 적극적인 참여를 유도할 수 있는 인센티브와 보상은 전혀 없었다. 1960년대 초, 산림녹화 정책의 성공 여부는 자발적 참여냐 강제적 동원이냐는 참여 방식의 차이에 있다기보다는 이 일을 해서 땅 제공의 대가 혹은 노동의 대가를 받을 수 있느냐 없느냐의 생존과 경제의 문제였다.

이런 국민과 땅 소유주를 대상으로 일제 강점기나 다름없는 부역과 강제동원, 금지와 명령으로 산림녹화를 시행하려던 것이 결정적인 실패의 원인이었다. 당시의 상황을 한 언론의 기사는 이렇게 기록하고 있다.

> 조선 총독부 건물에 휘날리던 일장기가 내려지고 성조기가 게양됐다. 일본 제국주의의 상징인 일본 순사와 헌병들이 자취를 감추자 치안이 흔들리기 시작했다. 권력 공백은 무질서로 연결됐

다. 일본 사람들이 살던 집에 들어가 물건을 가지고 나오면 내 것이요, 필부들은 산에 올라가 나무를 베어 땔감으로 태워 없앴다. 일제가 태평양전쟁을 수행하면서 한반도의 산림자원을 수탈할 때보다 더 참혹하게 숲이 망가져 갔다.

나무 한 토막이라도 베는 사람은 엄벌에 처한다고 해봤자 소용이 없었다. 다른 땔감을 만들어 주고 산에 올라가지 말라고 해야 국가의 영이 제대로 설 수 있는 것이지, 당장 땔감 없어 밥도 못 지어먹을 형편인 국민들에게 나무를 베지 말라고 해야 무슨 소용이 있겠느냐....

〈정인욱 전기편찬회, 2000, 74쪽〉

결국 1970년대 이전까지는 가정용 연료 대체 정책을 제외한 실행력있는 산림녹화 계획은 수립할 수가 없었다. 이를 뒷받침할 만한 행정력 또한 충분하지 못한 상황이었다.

가정용 연료사용도 황폐화의 주요 요인이었다. 1960년대까지 1차 에너지원의 62.5%는 땔감이었다. 즉 연간 약 1,000만m^3 내외의 목재를 가정용 연료로 사용한다는 것이었고 1955년 기준으로 이는 연간 생산 가능한 목재량의 17%-20%에 해당하는 막대한 규모였다.[7] 그렇게 계속 나무를 베어 땔감으로 쓴다면 10년 안에 한국의 모든 산이 민둥산이 될 위기 상황이었다.

......해방 이후 심은 나무만이라도 잘 자랐다면 상당히 일찍이 녹화되었을 것이다. 그럼에도 불구하고 산림이 황폐만 하여 가는 것은 무슨 이유일까? 이는 일반 국민이 땔나무를 마련하기 위하여 함부로 벌채한 데 있다고 아니할 수 없다. '피난민들이 다 베어가는 것 우리만 아끼고 안 하면 무엇하는가' 해서 서로 경쟁하듯이 생나무를 베다 때고 심지어 팔기까지 하는 현상을 연출하였으니 어찌 한탄할 일이 아니랴...

(조선일보 1953년 4월 5일 사설, '마음속에 나무를 심자')

이로 인해 산림의 황폐화는 돌이킬 수 없는 재앙처럼 여겨졌다. 생존을 위해 산림을 훼손시키는 것이 지극히 당연하게 여겨졌다. 그로 인해 생겨난 대표적인 사례가 화전민이다.

오늘날 젊은 세대에게 화전민에 대해 묻는다면 본 적도, 들은 적도 없다고 할 것이다. 북한은 지금도 화전 때문에 골머리를 썩이고 있지만 한국 역시 1970년대까지만 해도 산림훼손의 주범인 화전민들 때문에 골치를 앓았다. 1973년 제1차 치산녹화사업 수립 당시, 한국에는 약 125천 헥타르의 화전과 30만 호의 화전민이 있었다. 면적으로는 당시 산림면적의 1.3%에 불과했지만 화전가구수는 전체 농가호수의 13~14%나 됐다.

화전은 불을 놓아 나무를 비롯한 지표의 모든 식물을 태운 후 시비를 하지 않은 채 농사를 짓는 방식으로 경작한다. 우리나라가 화전정리에 관한 법률을 일찍부터 제정한 것은 화전이 국가적으로 다루어야 할 큰

하루에 감자 한두 개만 먹을 정도로 가난한 화전민들의 사정을 해결하는 것도
남한 산림녹화를 위한 큰 산이었다. 자료출처:산림청

산림문제 가운데 하나였기 때문이었다. 화전을 만들기 위해 놓은 불이 번져 산불로 확대되어 막대한 산림피해가 발생하는 사건이 계속됐다. 또한 매년 새로운 경작지를 찾아 이동하는 화전 특성 상 산림피해를 예측하기도 어려웠다. 이런 측면에서 약탈적이고 조방적인 화전 농법은 산림황폐화의 직접적인 원인이 되었다.

그러나 오갈 데 없는 화전민들의 입장을 고려해야 해서 녹화 사업 초기 화전 정리는 식목이나 사방사업보다 까다로운 부분이 있었다. 이에 박정희 대통령은 '화전정리 5개년 계획'(1974~78)을 시작했고, 화전의 정리와 화전민의 생활 안정대책이 동시에 시행됐다. 결과는 성공적이었다.

산림 도벌 역시 산림 복원으로 가는 만만치 않은 과정이었다. 당시 5대 사회악(밀수, 도벌, 탈세, 폭력, 마약)이 있었는데, 산림 도벌은 그 중의 하나일 정도로 피해가 심각했다. 산림청이 개청되고 제1차 계획이 수립되기 전인 1967~1972년 당시 산림은 말 그대로 무법천지였다. 당시 산림청이 집계한 바에 따르면 연 평균 3천 건의 도벌이 행해졌고, 이로 인해 연간 약 1만 7천㎥의 재적피해가 발생했다.[8] 문제는 감독 기관에 적발된 도벌 건수 및 피해 재적 통계만 있는 것이 아니라 들키지 않고 암암리에 행해진 도벌 건수가 훨씬 많았다는 것이다.

영일지구는 우리나라에서 산림녹화가 가장 어려운 곳이었는데 고난도의 사방공사의 성공으로 5년 만에 나무가 자라기 시작했다. 자료출처:산림청

성공요인1. 통치자의 일관성과 강력한 의지

1970년대 산림녹화의 성공요인은 무엇보다도 정부의 강한 의지를 바탕으로 한 종합적인 녹화정책 수립과 시행이다. 산림녹화에 강한 신념을 지닌 박정희대통령은 60년대 연료림 조성사업의 실패 원인, 즉 산림녹화가 제대로 이루어지지 않은 이유 중 하나가 구태의연한 방식으로 이 사업을 추진했던 산림청에 있었다는 사실을 알게 됐다. 이듬해인 73년 1월 12일 박대통령은 내무부 연두순시에서 산림청과 임업시험장을 강도 높게 비판했다.

> 고식적이고 구태의연한 산림정책을 근본적으로 재검토해야 한다. 그 동안 산림청에 배당한 예산은 적었지만 그 범위 내에서 효과적으로 사용하고 지도해 나갔다면 산은 푸르러지고 나무도 많이 자랐을 것이다. 또한 산림관계 연구기관에 근무하는 직원들의 자세도 고쳐야 한다. 임업시험장에서 근무하는 공무원들이 우리나라의 기후와 토질에 알맞은 수종을 연구 개발하여 개발한 묘목을 대량 생산하고 인근 부락에 공급해야 함에도 불구하고 자기 혼자서 마치 정원수라도 가꾸는 것처럼 들여다보고 앉아 있거나 논문이나 한편 쓰고는 자기 일을 다 한 것처럼 생각하는 자세는 고쳐야 한다.

그리고 같은 날 있었던 연두기자회견에서 박대통령은 '전 국토를 녹화하기 위해서 앞으로 10개년 계획을 수립하여 80년대 초까지는 우리나라를 완전히 푸른 강산으로 만들겠다' 고 발표했다. 그리고 산림청을 내무부로 이관했다.

산림청을 내무부로 이관해야만 했던 직접적인 이유는 복잡다단한 산림정책을 강력하고 효율적으로 추진하고 법적 조치를 포함한 지속적 관리를 위해서는 지방행정 및 경찰력을 동원해야만 하기 때문이었다. 즉, 종합적인 산림보호 관리는 지자체가, 보호단속은 경찰이, 기술지도는 산림공무원이 책임을 지는 시스템을 만들기 위해서였다.

마침내 1973년 〈제1차 치산녹화 10개년 계획〉이 수립됐다. 〈제1차 치산녹화 10개년 계획〉은 양묘·조림·연료·소득을 통합한 종합계획으로 당시 정부의 중점 계획이었던 경제개발계획, 새마을계획, 국토종합개발계

1977년 4월 5일, 박정희 대통령이 조림행사에 참여하여 직접 나무를 심고 있다. (자료출처:산림청)

획 등과 직결된 최대의 국정 현안이었다. 또한 제1차 계획은 화전정리사업과 함께 당시의 산림문제를 총체적으로 해결하기 위한 모든 정책과 방법을 집대성한 종합계획이었다. 여기에 당시 최고 통치권자인 대통령의 강력한 의지가 지속적으로 반영되었으며, 산림청의 내무부 이관을 통해 내무부의 행정력과 경찰력, 산림청의 기술력을 총동원함으로서 시행에 효율성을 높였다.

먼저 온 국민을 동원한 나무 심기 운동이 전개됐다. 박정희 대통령은 산림녹화를 단순히 정부와 산림의 소유주만의 이슈로 다루지 않고 온 국민이 마을과 직장, 가정과 단체, 기관과 학교를 통해 '나무 심기 운동'에 참여하는 국민 캠페인으로 확대했다. 더불어 자연보호, 산림병해충 방제, 입산통제, 산불방지, 농촌연료 대체, 의무조림을 위해 정부의 행정력 및 경찰력을 최대한 동원해 단 기간 내에 최대한 많은 면적을 집중적으로 녹화하는 전략을 시행했다. 그렇게 7년 만에 벌건 민둥산으로 뒤덮인 국토를 푸른 숲으로 되살렸다.

그런데 산림녹화 사업은 나무를 심은 이후부터 시작된다고 하여도 과언이 아니다. 나무는 심는 것보다 관리하는 게 더 중요하다. 산림청을 내무부로 옮긴 것은 바로 산림 관리를 위해서였다. 산림청의 내무부 이관으로 산림보호는 지자체가, 보호단속은 경찰이, 기술지도는 산림공무원이 책임을 지는 시스템이 마련되었다. 이로서 관련 행정기관 및 경찰은 형식적으로 대충 나무를 심어놓고, 그 후로는 나 몰라라 하던 방식에서 벗어나게 됐다. 특히 지자체 단체장은 산림 관리에 직접적인 책임을

1977년 전 국민이 참여한 대규모 조림 사업. 자료출처:산림청

지도록 법으로 정했다. 산불이 발생해서 100 헥타르 이상의 임야가 소실되면 시장이나 군수를 면직하기로 한 것이다. 강제적인 방침이었으나 그 효과는 대단했다.

이 과정에서 박정희대통령의 원칙은 단호하고 일관성이 있었다. 농민들에게는 산림녹화에 관련된 규제가 너무 많아 민원이 많았다. 하지만 박대통령은 원칙을 굽히지 않았다. 1973년 4월 5일 28회 식목일 연설을 통해 그는 이렇게 밝혔다.

> 정부에서 발표한 치산녹화 10년 계획에 대해 각계에서 여러 가지 시비가 많았다는 것을 나는 알고 있습니다. 아무 대책도 없이 느닷없이 이런 계획을 그냥 막 밀어대면 어떻게 하느냐, 실현성이 없는 계획이 아니냐는 것이었습니다. 물론 그 계획은 아직 확정

된 것이 아니기 때문에 지금 다시 정부에서 조정을 하고 있고 일부 실정에 맞지 않는 것은 다소 수정을 하고 보완을 해서 가급적이면 우리 국민들의 불편을 덜어주거나 고통을 덜 주는 방향으로 밀고 나가려고 합니다. 그러나 정부가 지금 앞으로 10년 동안에 이 나라의 산을 완전히, 적어도 외국의 산 정도로 푸르게 만들기 위한 기본계획과 방침에는 하나도 변동이 없습니다. 이것은 기어이 해야 되겠습니다.

조림은 산림녹화 성공의 핵심 조건이었다. 1960년대 한국의 황폐화된 산림은 스스로 회복할 능력을 잃어버린 지금의 북한 산림과 다를 바가 없었다. 이 문제를 해결하기 위해서 집중적인 조림 사업이 필수적이었다. 당시 조림정책의 기본 방향은 있던 나무가 없는 무립목지와 도벌로

1960년대 초 경기도 양평 소재 아버지 양묘장에서 필자.

조림면적 추이(1946-2000)

자료출처:산림청

인해 손상당한 벌채적지에 계획적인 조림을 통해 경제적인 산림자원을 조성하는 한편 농촌 주민들이 연료로 쓸 수 있는 연료림을 조성하는 것이었다.

우리나라 조림의 역사를 보면 1946년부터 2000년까지의 약 55년간 전체 산림면적의 약 83%에 해당하는 532만 헥타르의 막대한 면적을 조림했다. 1980년대 이후는 연료재 대체 및 화전정리 사업에 치중하느라 조림은 사실상 줄어들어 연평균 조림실적이 10만 헥타르 미만으로 떨어졌다. 그런데 기간별로 보면 〈제1차 치산녹화 계획〉이 진행되었던 1976년~1980년 사이에 연평균 20만 헥타를 조림하여 가장 집중적으로 조림이 이루어진 것을 알 수 있다.

세계를 놀라게 한 신화, 경북 영일지구 사방사업

박대통령의 산림녹화에 대한 집념은 사방 사업을 강력하게 밀어붙이는 과정에서 잘 나타난다. 사방사업은 사막화된 산에 수평방향으로 구덩이를 파고 자양분이 풍부한 흙을 넣은 후 풀과 나무를 심는 상당히 힘든 작업이다. 식수 후에는 정기적으로 관리를 해야 그나마 식재들이 살아남을 수 있다. 당시 박대통령은 가장 심각하게 황폐화된 지역에 사방사업을 하도록 지시하고 직접 현장에 수차례 나가서 공사를 감독하곤 했는데 그 대표적인 곳이 경남 울주군과 포항 영일지구다.

1972년 7월 26일 태풍 리타가 한반도 남쪽을 강타했다. 9월에는 열흘이 넘는 기간 동안 집중호우가 쏟아졌는데 울주군에서 대형 산사태가 발생해 54명의 사망 또는 실종자가 발생했다. 사고지점은 울주군 이화마을 뒷산. 산봉우리 두 곳이 뚝 잘려서 절벽같이 무너져 내린 것이다. 이 사건은 산사태의 위험성과 두려움을 알게 했고, 박대통령은 즉시 '울주군 산사태 복구 특수사방사업단' 을 출범시켰다.

그런데 상황은 최악이었다. 지금처럼 좋은 중장비가 없다는 것도 문제였지만, 사고 지점이 워낙 산세도 좁고 가파른 곳이라 중장비를 투입할 수 없는 곳이었다. 결국 사람이 돌, 떼, 자갈, 시멘트, 묘목 등을 등에 지고 약 400m 가량의 산길을 올라가야 했다. 그 중엔 70도나 되는 가파른 경사 지점이 100여 미터나 됐는데 그 지점에는 특별히 공수특전부대 출신을 투입했다. 토목공사 후에는 참싸리나 잡초 종자를 파종하고, 비밀리에 보리씨앗도 뿌렸다. 한 여름 사고 직후 시작된 공사는 그해 말 마무리됐다.

그런데 이 사방사업의 경험은 기적을 낳는 밑거름이 되었다. 이 시기에 이루어진 한국의 사방 공사중 세계적인 이목을 집중시킨 것이 경북 영일지구 사방사업이었다. 이 당시 경북 영일지구는 115개 마을에 걸쳐 총 4천 500여 헥타르에 달하는 방대한 땅에 나무는 물론 풀 한 포기 자라지 않는, 사막이나 다름없는 곳이었다.

일제 강점기부터 이 광활한 지역을 되살리기 위한 노력이 있어왔다. 기록에 따르면 1907년부터 무려 50여 차례에 걸쳐 소규모 사방사업을 실시했다. 그러나 결과는 실패였다. 1967년 박대통령의 지시에 따라 산림청이 다시 사방사업을 실시했으나 역시 복구에 실패하고 말았다. 하지만 박대통령은 공사를 포기하지 않았고 1972년 또 다시 사방공사를 하도록 지시했다.

이런데 이번에는 달랐다. 당시 거듭된 실패의 원인을 분석한 이는 손수익 당시 산림청장. 그는 경남 영일지구의 토양이 주변과는 다른 토양이라는 사실을 알아내고 경남 울주군 사방공사 방식과 같은 특수 공법으로 공사를 하기로 한 것이다.

먼저 산 허리 부분을 따라 산 전체에 콘크리트공사를 치고 쇠말뚝을 박아 사면을 안정시켰다. 경사가 가파른 지점은 특수 인부들을 고용해 산악용 밧줄에 매달려서라도 공사를 하게 했다.

드디어 1977년, 5년에 걸친 공사 끝에 사막과도 같았던 영일지구가 푸른 숲으로 변했다. 이 사업의 성공는 전국의 특수사방공사 대상지 14곳에 영향을 미쳤고 앞 다투어 각 지역에서 사방공사를 성공적으로 이루어냈다. 경상북도에서는 이 역사를 기념하여 홍해읍 용천마을에 '영일 사방 준공 기념비'를 세웠다.

나무생장환경 최악의 바람골, 대관령을 울창한 숲으로

조림에 관한 대표적인 사례는 대관령의 특수 경관 조림을 들 수 있다. 오늘날 대관령은 빼어난 경관과 시원한 바람으로 한국을 대표하는 명소로 꼽힌다. 하지만 뛰어난 경관을 만들어준 해발 850m 높이와 초속 30m의 강한 바람은 나무를 심는 데에는 최악의 조건이다. 혹독한 겨울 추위가 6개월이나 계속되고 적설량 국내 최고로 2미터 이상의 눈이 쌓인다. 그런 곳에 1960년대 이후 화전민들이 대거 정착하면서 산림이 심각하게 훼손된 상태였다. 이런 곳에 그냥 구덩이를 파서 나무를 심는 일반 조림은 불가능했다.

75년 영동고속도로가 준공된 이후 박대통령은 대관령 지역 조림을 지시했다. 당시 현장을 답사한 손수익 산림청장은 '바람이 세서 지나가는 자동차가 뒤집힐 지경'이라는 현지 공무원을 말을 처음에는 믿지 않았다. 그런데 그가 대관령을 올랐을 때 타고 갔던 지프의 문이 바람에 뜯

겨져 나갔다. 대관령의 바람을 실감한 손수익 산림청장은 연구 끝에 '특수 경관 조림' 을 채택하기로 결정했다.

1976년

1981년

세계가 놀란 대관령복원 전후. 지금은 세계산림학계의 견학지가 되었다. 자료출처:산림청

76년 봄, 땅이 녹자마자 조림공사가 시작됐다. 명저 경사면의 토사유출을 막기 위해 마치 사방공사를 하듯 등고선을 따라 단을 세웠다. 그리고 바람을 막는 방풍림의 효과를 주기 위하여 조림 지역의 외곽 선에

2014년 대관령 특수조림지 311헥타르가 국가 산림문화자산 1호로 지정됐다. 자료출처:산림청

싸리와 산죽을 심은 뒤, 그 안쪽에 추위에 강한 잣나무, 낙엽송, 전나무, 독일가문비나무, 자작나무, 오리나무의 묘목을 심었다. 그리고 조림 지역에 영향을 줄 수 있는 바람을 이중으로 막기 위해 산 전체에 높이 3m, 길이 20m의 방풍용 목책을 4.8km 에 걸쳐서 설치했다.

그러나 이보다 더 골치아픈 큰 공사가 있었으니, 바로 식수 공사였다. 이곳을 관광지로 만들려면 식수가 필요한데 대관령의 토질이 워낙 척박하기 때문에 땅이 식수를 만들어낼 수 있는 환경을 인위적으로 만들어 주어야 했다. 이를 위해서는 영양분과 습기가 풍부한 흙이 필요했다.

결국 강원도 평창지역의 논바닥 흙을 덤프트럭으로 대관령 인근까지 실어왔고 그 지점부터는 지게에 흙을 지고 약 300미터 거리에 있는 정상으로 날랐다. 76년에 시작된 사업은 11년째인 86년에 끝났다. 처음엔 약 17헥타르의 면적에 4만 5천 그루의 나무를 심는 것으로 시작했으나 결국 11년동안 311헥타르에 84만 3천 그루의 나무를 심는 엄청난 공사로 확대되었다. 그 후 대관령은 많은 사람들이 사계절 내내 아름다운 풍광을 감상하는 관광지가 되었고 2010년 서울에서 개최한 세계 산림과학대회(IUFRO)에 참가한 외국 과학자들과 산림 전문가들에게 경탄을 자아내게 하는 세계적인 특수 조림 시범지역으로 떠올랐다.

박대통령은 제 1차 치산녹화계획이 마감된 다음 해에 세상을 떠났다. 그는 서거하기 몇 시간 전에도 나무를 심었다. 삽교천 방조제 준공식 후, 당진의 KBS 중계탑 준공식에 참석하여 기념식수를 했다. 먹을 게 부족해 사람들이 끼니도 거르는 시절에 국토의 산림녹화와 조경에 관심을 보인 박대통령의 집념과 강력한 리더십은 분명 한국의 녹화성공 기적을 이룬 가장 큰 원동력이었다.

성공 요인 2. 경제 성장과 화석연료의 대중화

경제성장이 산림녹화에 긍정적인 영향을 주었던 유럽과 미국의 경우와 달리 개도국의 경우에는 경제성장이 반드시 산림증가로 연결되지 않는 사례도 많다. 그러나 한국의 경우 지속적인 경제성장과 국민소득의 증가로 인해 산림황폐화를 막을 수 있었다.

우리나라 산림황폐화의 주원인은 땔감을 필요로 하는 농촌 가구였다. 한해 소비되는 땔감용 나무의 양은 일일이 추산을 할 수도 없을 만큼 막대한 양인데다 계속 늘어나고 있었다. 그런데 산림녹화 사업이 시작된 1970년대부터 한국은 눈부신 속도로 경제가 성장하고 있었고 그 덕분에 서서히 막대한 소비 규모의 가정연료가 나무에서 화석 연료로 대체되기 시작한 것이다.

즉 경제 성장은 산림녹화 성공을 위한 중요한 열쇠인 것이다. 쉽게 말하면 그 전에는 연료를 살 돈이 없기 때문에 산에 있는 나무를 베어다 땔감으로 썼지만 70년대는 산에 나무를 하러가는 것보다 그 시간에 일을 해서 번 돈으로 연탄을 구입할 수 있을 만큼 삶에 여유가 생겼던 것이다.

1960-90년대 한국 도시 농촌 인구변화

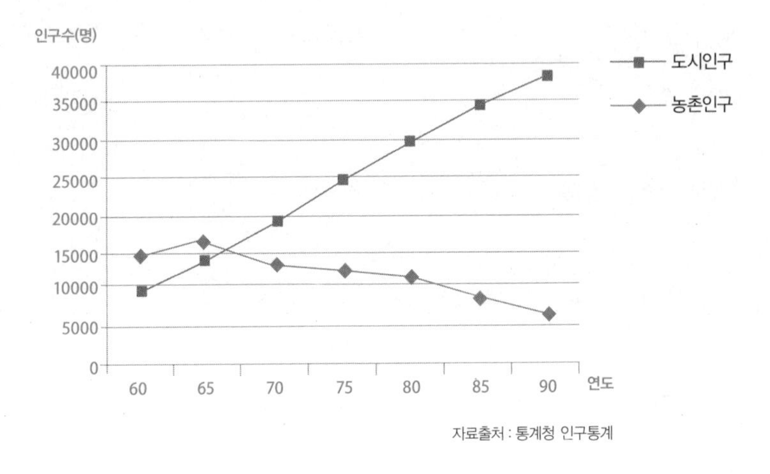

1960년에는 농촌의 하루 임금으로 연탄 14개 밖에 살 수 없었다. 그러나 65년에는 하루 임금으로 연탄을 22개 살 수 있었으며 70년에는 32개를 살 수 있었다. 연탄 가격으로 환산한 농촌임금은 계속 증가하여 79년에는 하루 임금으로 97개의 연탄을 살 수 있었다.

당시 상공부의 에너지정책과 농림부의 산림녹화 정책의 협력도 산림녹화의 성공을 도운 '부처간 협력모델' 이다. 상공부는 연료재의 화석연료 대체를 위해 강력한 '무연탄 생산증대' 정책을 펴나갔다. 그런데 실제 무연탄은 우리나라에서 나지 않는 거의 유일한 부존자원이다. 한편 농림부는 도시 지역으로 임산연료를 반입하는 것을 금지하고 상대적으로 연료재의 압박이 덜한 농촌에 연료림을 조성하는 정책을 추진하였다.

때맞춰 석탄철도가 확장됨에 따라 무연탄 생산이 급속하게 증가했고 이와 함께 상대적으로 교통이 편리하고 인구가 밀집된 도시 지역부터 연료의 대체가 이루어졌다. 즉, 무연탄 생산 증대는 1960년대 도시의 가정 연료이었던 나무연료를 무연탄으로 대체하는 데 큰 역할을 했다.

또한 농촌주민의 도시 이주가 늘어나면서 우리나라의 산림이 회복되는 데 긍정적인 영향을 미쳤다. 나무를 가정용 연료로 사용하는 인구가 줄면서 산림 훼손의 가능성도 그만큼 줄었고, 반면 도시로 진입한 뒤에는 나무를 구하기도 어려울 뿐 아니라 무연탄 전용 난방구조를 가진 주택들이 많았기 때문이다. 1970~80년대의 산림녹화의 성공 뒤에는 이러한 경제 성장과 사회구조의 변화의 영향도 컸다.

도벌 방지와 화전 정리, 성공을 가능케한 전략

산림 황폐화의 직접적 원인 중 하나였던 도벌, 즉 불법 나무채취를 방지하기 위해서 그 원인을 제거하는 정책을 시행했다. 원래 작은 규모의 도벌은 민간에서 관습적으로 산림을 이용해오던 방식이었다. 그러나 한국전쟁과 같은 사회적 혼란기에는 단기간에 심각한 산림훼손이 발생할 수 밖에 없고 더구나 전쟁 후 갑작스런 인구증가와 사회적 혼란기를 거치면서 빈약한 산림을 더욱 악화시키는 원인이 되었다.

최초의 불법 벌채 방지법은 전쟁 기간 중에 반포된 산림보호임시조치법(1951)이었다. 이어서 산물단속에 관한 법률(1961), 산림법(1961), 청원

산림보호직원 배치에 관한 법률(1963) 등을 제정, 강력한 산림보호 정책을 시행했다. 하지만 대체 연료와 식량이 부족한 상황에서 민간에서 이루어지는 불법 도벌을 중앙정부에서 효과적으로 막을 수가 없었다.

1972년 산림 녹화 사업을 시작하면서 도벌을 방지하기 위한 획기적인 관리 시스템을 도입했다. 민간에서 도벌을 하다가 발각이 될 경우에는 도벌을 한 행위자는 물론 그 지역을 관리 감독하는 공무원과 산림계 및 산림조합까지 책임을 물었다. 군사 정부의 강력한 행정력과 경찰력이 전 방위적으로 동원되면서 도벌 방지의 실질적인 효과가 나타나기 시작했다.

화전정리 사업은 일제강점기 때부터 지속적으로 시도했으나 1970년대까지 해결 기미가 보이지 않았다. 그러나 이러한 화전정리 사업이 단기간 (1974~1979년)에 완전하게 성공할 수 있었던 첫 번째 이유는 화전민 이주를 위해 정부가 충분한 재정을 투자했기 때문이다. 두 번째는 항공사진을 이용해 전국 규모의 산림자원조사를 실시함으로서 산속 오지에 숨어 있는 기존의 화전민을 모두 파악했을 뿐 아니라 향후 화전민의 추가 발생을 방지할 수 있었기 때문이다. 세 번째는 1970년대 도로 시설의 확대이다. 전국 방방곡곡 길이 연결되면서 더 이상 화전민들이 숨을 곳이 없어진 것이다.

그러나 화전으로 인한 사회적 경제적 피해와 산림의 황폐화가 심각하고 첨단 장비를 활용해 화전민 조사가 철저했다고 하더라도 화전민 이주를 위한 충분한 투자가 없었다면 이 사업은 성공할 수 없었을 것이다.

한국의 산림녹화 기적 vs 북한 산림 복원 성공 가능성

2011년 10월 창원에서 UN의 사막화방지협약 제 10차 총회가 열렸다. 당시 사막화방지협약의 주제는 산림복원이었다. 최대 이슈가 된 것은 개최국이 바로 우리나라였다는 점이다. 아시아의 33%가 사막화[9] 되고 있는 시점에서 그 문제를 해결할 국가로 세계가 한국을 지목했다는 의미이기 때문이다. 우리나라는 사막화 직전의 산림을 되살려내서 세계적으로 널리 인정을 받았다. 우리나라가 세계에 자랑할 수 있는 최고의 브랜드 중 하나가 산림 복원이라고 해도 과언이 아니다. 조선이나 IT 분야의 성공도 대단하지만, 산림 복원 경험 역시 세계 경쟁력 1위를 자랑하는 분야다.

국토 면적의 64%를 차지하는 산림은 우리나라 국토의 상징이다. 나무와 과실, 산나물 등 우리나라 산과 들에 있는 산림 자원의 가치를 경제적으로 환산해 보면 약 4조 8천억 원으로 국내 총생산의 7%에 달하는 수준이다. 숲이 제공하는 맑은 물, 깨끗한 공기, 아름다운 경관 등 공익적인 가치는 자그마치 연간 109조 원. 전 국민이 1인당 216만원 어치의 혜택을 얻는다.[9] 오늘날 숲은 국민의 삶을 보다 풍요롭게 하는 쉼터이자 삶터이고 또한 일터다.

국토가 헐벗은 상태로 지속적인 경제성장과 국민의 삶의 질을 높일 수는 없다. 이런 측면에서 산림녹화는 곧 국토 녹화였으며, 산림녹화의 성공은 경제성장과 국민 삶의 질을 높이는 토대가 되었다.

우리나라는 지속적인 산림녹화 사업을 통하여 민둥산은 331.5만 헥타르에서 16.5만 헥타르로 줄었고 입목지는 340만 헥타르에서 620만 헥타르로 늘었다.[10] 산림의 양적 상태를 보여주는 헥타르 당 목재량은 최저 수준이었던 1952년 10.5m³에서 2010년에는 125.6m³로[11] 약 12배 증가했다.

한국의 산림의 변화과정은 다음과 같은 두 가지 특징이 있다.

첫째, 한국은 과거 유럽과 현재 중국, 인도에 비해 국토면적대비 높은 녹화율을 보이며 산림녹화에 성공했다. 1950년대 중반, 한국은 국토 대비 산림비율은 35%로, 전 세계에서 산림비율이 가장 낮은 국가 중 하나였지만, 이후 한국의 녹화율은 높은 증가세를 보였다. 이런 사례는 산림대국인 미국과 뉴질랜드에서만 일어나는 일인 줄 알았던 전 세계는 한국의 산림녹화 성공에 감탄을 금치 못했다. 이는 다른 국가들과의 현저한 차이를 통해 쉽게 알 수 있다. 스코틀랜드 3%, 덴마크 4%, 중국 7% 등 다른 국가는 산림면적이 10% 미만까지 감소한 반면[12] 우리는 비교적 높은 산림율 수준을 유지해오면서 전국토에서 산림녹화를 시작했던 것이다.

둘째, 한국의 산림녹화 성공이 다른 산림대국에 비해 기적으로 불리는 이유는 당시 한국의 열악한 경제수준 때문이다. 더 설명이 필요 없이 50년대 한국의 상황은 최악이었다. 그럼에도 불구하고 산림 면적은 서서히 증가했고 70년대에는 양적으로 괄목할만한 높은 산림성장세를 보였다.
또한 한국이 성공할 수 있었던 배경에는 정부의 주도적 역할이 컸다. 이러한 한국의 사례는 1990-2005년간 중국, 인도, 베트남에서 이루어진 산림변천의 밑거름이 될 만큼 성공적인 개도국 산림녹화 대표 사례로 꼽힌다. 즉, 경제수준이 낮아도 정부 주도의 강력한 실천의지가 국민적 공감대를 형성할 수 있다면 빠른 시기에 산림 문제를 해결할 수 있음을 일깨운 것이다.

낮은 경제수준과 산림소유자의 자발적인 산림경영 의지가 부족한 개도국에서 산림녹화를 이루어내기 위해서는 정부의 역할이 특히 중요하다. 다시 말해 개도국의 산림황폐화를 해결하기 위한 첫 번째 단계는 해당 국가 스스로가 산림문제의 원인을 진단하고 이를 해결하기 위한 종합계획을 수립하는 것이다.

한국의 산림녹화 성공 경험은 북한의 황폐화된 산림 복원을 위한 소중한 자산이 될 것이다. 지금 북한과 관련된 다른 이슈와는 달리 산림 복원 문제는 정치, 군사적인 불확실성이 낮을 뿐 아니라 남북한 산림 생태축을 이어나가야 한다는 점에서 우리가 감당해야 할 당위성 또한 높다. 지난 60년간 우리의 헐벗은 산림을 녹화하는 데 집중했다면 이제부터는 남북한이 협력하여 한반도의 완전한 국토녹화를 위해 노력해야 한다. 한반도의 산림 생태축을 장기적으로 생각하는 정부의 의식변화와 북한에 쌀도 나누고 나무도 심자는 국민들의 진정한 통일 의식이 그 시작점일 것이다.

2 세계의 산림 복원 성공사례들

중국의 산림 녹화 성공 사례: 퇴경환림 환초사업

산림은 사회구성원의 공유자산이자 생태의 축이다. 산림이 훼손되면 생물다양성 감소 및 토양유실, 경관훼손 등 다양한 환경문제와 이를 둘러싼 이해 당사자들 사이의 갈등까지 수많은 문제가 발생한다. 이를 막기 위해서 등장한 대표적인 시스템이 산림환경서비스지불제 Payment for Environmental Services(PES)다. 이는 산림을 통해 서비스를 받는 수혜자가 공급자인 산림의 보전을 위해 경제적으로 지불(보상)하는 것을 말한다.

황폐화된 북한 산림을 복원하는 새로운 방안으로서의 PES 도입은 필수적이다. 그 효과는 한국의 산림녹화 사업 뿐 아니라 중국의 퇴경환림 환초사업 Sloping Land Conversion Program과 베트남의 500만 헥타르 산림복원사업 Five Million Hectare Reforestation Program을 통해서도 입증이 되었다. 물론 한국의 사례가 현재의 PES 정의에 정확하게 일치하지는 않으나, 정책을 추진하는 데 있어 다양한 경제적 보상 기제가 제공되었다는 점에서는 PES 사례로 볼 수 있을 것이다.

물론 중국과 베트남이 시장경제체제의 전환을 모색한 체제전환국이라는 점, 한국 역시 대통령의 강력한 리더십으로 계획경제를 추구하였으나 기반은 시장경제체제였다는 점에서 볼 때 북한은 아직 사회주의 계획경제체제를 표방한다는 점에서 서로를 비교하는 데 한계가 있다. 그러나 중국과 베트남, 한국이 산림 복원을 위해 했던 선택들, 즉, 국가 지도부가 적극적으로 시장경제를 채택하고 강력한 정부의 리더십으로 정책을 추진한 점은 북한에서도 충분히 성공 가능성이 있다는 점을 주목할 필요가 있다.

중국은 1978년 개혁개방 이후 시장경제로의 과감한 개혁과 개방을 추진했다. 그 과정에서 과도한 경제개발로 인해 환경파괴가 가속화됐다. 1950년대 후반 경제건설운동인 '대약진' 시기와 1960년대 후반 문화대혁명을 거치는 동안 사회혼란이 가중됐고 자연 산림 관리가 소홀해졌다. 그 틈을 타 산림은 하루가 다르게 훼손됐고 결국 그것이 원인이 되어 1998년 양쯔강 유역에 대홍수가 발생했다. 막대한 양의 토양이 유실되자 중국정부는 산림의 중요성에 대해 인식하게 되었고 국가적 차원에서의 복원사업에 착수했다. 그것이 바로 퇴경환림 환초정책이다.

퇴경환림 환초 정책이란 말그대로 황폐화된 산림을 다시 복원하는 정책을 말한다. 중국은 이를 통해 1999년부터 2010년까지 약 1,500만 헥타의 면적을 복원할 계획을 세웠고, 주민들에게는 현금과 현물 지급 등의 인센티브를 제공해 자발적으로 참여하도록 유도했다.

정부는 지역민들의 복원활동에 대한 경제적 유인을 제공하는 구매자였으며 개인은 조림사업에 참여한 뒤 판매자의 역할을 했다. 각 지방정부는 중개자역할을 수행했다. 중국은 특히 산지개간을 통한 농경지 확대 문제가 심각했기 때문에 농경지를 다시 산림으로 조성하거나 초지로 전환할 경우 현금 혹은 현물 등의 경제적 인센티브를 제공했다. 조림의 성격에 따라 개인별 계약조건도 달랐다.

이 정책이 성공할 수 있었던 이유는 첫째, '환경의 복원' 을 넘어서 농업구조의 전반적인 개혁과 빈곤경감에 목표를 두었기 때문이다. 이 목표는 지역민들의 공감을 사서 프로그램에 참여하게 만들었다. 또한 이에 대한 공공환경서비스지불제 Public Payement for environmental services를 통해 보상을 확실히 시행함으로서 지역민들의 신뢰를 얻었다.

둘째, 산림 복원을 위한 전담기구인 중국 국제 환경 및 개발 협력위원회 China Council for International Cooperation on Environment and Development를 설립했다. 이 위원회는 중국의 지도층뿐만 아니라 학자, 국제기구 대표 등 다양한 전문가들이 모여 있어 연구현장의 결과와 국제사회의 자문이 실제 정책에 빠르게 반영될 수 있는 이상적인 체제였다.

셋째, 산림복원 관련 정책을 국가 정책 우선순위에 배치, 정책 간 시너지 효과를 발휘할 수 있게 했다. 담당행정관서인 임업국이 중앙정부부터 지역단위까지 행정체계를 강화하고, 불법벌채나 화전개발을 엄격히 규제하는 제도를 실시했다. 뿐만 아니라 토지 및 소유권 강화하는 법과 제도의 개혁을 통해 민심을 얻었다. 또한 국제 환경 조약의 가입과 적극적인 활동을 통해 중국 산림황폐화 복원에 선진국의 기술과 지식 등이 이전될 수 있도록 노력했다.

중국은 이 야심찬 정책을 위해 지난 10년간 무려 430억 달러를 쏟아부었는데 실제 정부가 직접 조림을 한 예산보다는 산림을 복구하거나 보전하는 농부에게 지급된 게 더 많았다. 경사진 땅을 25% 이상 복원하면 더 많은 돈을 지원했다. 퇴경환림(退耕還林), 즉 농업을 중단하고 산림으로 돌린다는 이 계획은 개발도상국에서 정부의 지원금으로 생태계 복원을 이룬 역사상 최대의 프로젝트라는 평가를 받고 있다. 무조건 명령에 의한 것이 아니라, 의욕을 갖고 성과를 낸 지역에 더 많은 인센티브를 준 것이 성공의 요인이었다. 우리나라의 새마을 운동을 연구한 흔적이 보인다.

베트남의 산림녹화 성공사례:500만 헥타르 복원사업

베트남은 1980년대의 도이모이(Doi-moi)라 불리는 경제개혁개방과 함께 시장경제로 급히 전환하게 되었다. 그 과정에서 목재수출과 에너지 공급을 위해 무분별한 목재 벌채가 진행되면서 산림황폐화가 시작됐다.

그러나 경제 발전과 함께 산림자원의 중요성을 인식하게 되어 본격적인 복원 사업에 착수했다.

베트남 정부의 산림복원 목적은 수출을 위한 산림자원의 확보였다. 당시 정부는 강력한 의지를 가지고 1990년대부터 산림복원에 관련된 100여개의 법과 제도를 구축하고 시행함으로서 점차 지역의 참여와 공산당 관련 주체들의 실질적인 참여를 이끌어낼 수 있었다. 또한 산림복원 사업을 통해 산촌지역의 빈민의 실질적인 소득 향상에 기여해 국제적인 관심을 모으기도 했다.

베트남의 500만 헥타르 복원사업 5 Million Hectare Reforestation Program은 UN 식량기구의 지원으로 1998년부터 2010년까지 3백만 헥타르의 산림보호와 2백만 헥타르의 산림조성을 목표로 출발했다. 중국의 경우와 마찬가지로 베트남의 산림복원 역시 단순히 '환경복원'에서 멈추지 않고 지역주민들에게 인센티브를 주는 조치가 함께 이루어졌다. 현금 및 현물 지급 등을 통한 빈곤 경감, 산촌지역개발을 통한 고용기회 창출 및 경제성장에 초점을 맞추었다.

또한 중국과 같이 중앙정부가 조림사업의 생산물인 목재와 산림자원의 실질적인 구매자 역할을 했다. 즉, 지방 정부의 중개자 역할을 통해 조림 사업에 참여한 개인과 기업들이 정부에 목재를 파는 잉여창출 구조를 제공한 것이다.

베트남이 중국이나 남한, 북한과 다른 점은 국유임업기업 State Forestry Enterprise(SFE) 라는 기관이 주가 되어 지역사회의 참여를 이끌었다는 점이다. 중앙정부의 통제를 받는 SFE는 각 지역에 지사를 두고 개인들이 지역의 SFE와의 계약을 통해 현물이나 현금으로 된 인센티브를 제공받을 수 있도록 했다.

하지만 베트남의 산림 복원 사업을 성공으로 이끈 핵심 요인은 토지 소유권 강화였다. 사회주의 국가인 베트남의 산림은 기본적으로 국가에 귀속되어 있다. 그런데 특별법 제정을 통해 개인에게 최대 50년간 토지 소유권을 제공함으로써 지역민들이 자발적으로 자신의 토지와 산림에 대한 애착과 책임감을 갖도록 했다. 재계약도 가능하며 소유하고 있는 동안에는 교환, 모기지, 임대 등도 가능하도록 했다.

사업 추진 과정에서 하나의 단점이라면 부족한 재정이었다. 사업 출범 당시 주 재원은 각 주 단위의 자체 예산으로 충당했기 때문에 모든 기회비용을 감당하기에는 역부족이었다. 그래서 초기 사업 과정은 매우 비효율적으로 운영됐는데 이 문제를 해결하기 위해 국제사회의 지원을 받을 목적으로 산림분야지원 파트너십 Forest Sector Support Program and Partnership (FSSP&P)을 구성한다. 이 파트너십을 통해 24개의 국가와 국제기구와 교류를 하면서 베트남의 산림 복원 사업에 필요한 ODA 자금을 확보했을 뿐 아니라 관련 법과 제도의 정비에도 유용한 자문을 받을 수 있었다.

개발도상국 산림 복원과 정부주도경로

이상의 두 나라와 한국을 포함한 세 국가의 산림 복원 성공사례를 분석해 보면 공통점이 발견된다. 첫째, 국가 지도층의 산림에 대한 인식변화에서부터 시작되었다는 점이다. 특히 중국과 베트남은 사회주의 국가가 가진 강력한 지도력 아래 국가차원에서 산림보전 및 복원과 관련된 법과 제도의 개혁이 이루어졌다.

특히 국가의 모든 산림을 국가가 소유하는 사회주의 국가임에도 과감하게 개인의 산림의 이용권을 보장해줌으로서 국민들의 적극적인 사업참여를 이끌어냈다. 중국은 조림이 이루어지는 토지의 특성과 성격에 따라 기간의 차이는 있었지만 최대 8년의 이용권을 보장해주어서 개인에게 애착과 책임감을 심어주었고 베트남은 최대 50년까지 토지 이용권을 보장, 개인이 적극적으로 조림활동에 참여할 수 있게 했다. 한국의 경우에는 계약을 통해 산림의 소유자와 조림사업 참여자 사이에 수익분배가 이루어지게 함으로써 참여를 활성화했다.

둘째, 국제사회의 원조와 협력을 통해 사업을 효율적으로 추진했다. 중국은 국제 환경 및 개발 협력 위원회를 두어 선진 해외사례를 적극적으로 연구할 뿐만 아니라 이를 실제적인 정책추진에 반영하였고 베트남은 산림분야지원 파트너십(FSSP & P) 구축을 통해 국제사회의 지속적인 재정지원을 이끌어냈다. 한국 역시 UN기구의 원조를 통해 물적지원과 기술지원을 받아 사업의 역량을 향상시켰다.

셋째, 세 국가 모두 산림복원을 위한 특별기금을 조성, 산림복원사업을 안정적으로 추진했다. 넷째, 산림복원에 대한 인센티브로서 현금뿐만 아니라 곡물, 묘목, 거주지 이전 지원 등 보상 제도를 다양화하여 국민들의 적극적인 참여를 이끌어냈다.

이러한 성공사례들을 연구해온 산림학자 알렉산더 매더 Alexander Mather는 특히 정부중심의 산림 복원 과정에 주목하고 있다. 최근 개발도상국 중에서 1990년-2005년 사이에 산림 면적이 증가추세로 돌아선 중국, 인도, 베트남 사례를 연구한 그는 유럽과 미국과 같은 선진국과는 달리 개발도상국의 산림복원은 정부의 역할이 핵심인데, 이것을 산림복원의 새로운 경로로 보고 그 경로를 '정부주도 경로'라고 정의했다. 즉, 선진국처럼 경제성장이 이루어지지 않아도 정부가 주도적으로 노력하면 개발도상국의 산림이 감소에서 증가 추세로 전환될 수 있다는 점에 주목한 것이다.

성공적인 산림 복원을 위한 북한의 당면 과제

코스타리카 역시 산림복원에 관한 정부주도 경로의 대표적인 예다. 1980년대 말까지 심각한 산림훼손으로 생물 다양성을 상실했던 코스타리카는 1996년 국가 산림 보전 기금을 조성해 산림복원에 착수했다. 기금의 기본 재원은 부가가치세와 유류세였지만 민간 기업과 국제 지원 단체에 환경 크레딧을 판매해서 재원을 보충했다. 1헥타르의 산림복원에 40달러를 지불하는 방식으로 1996년에서 2003년까지 8천만 달러를 확보해 31만 4천 헥타르의 산림을 복원했다.

코스타리카는 이 제도를 통해 잃어버린 생물 다양성과 생태 완결성을 회복했고, 이제는 세계적인 생태관광 선진국으로 명성을 날리고 있다. 인구 약 481만 명, 1인당 소득(GDP) 9,386달러(세계은행, 2013)의 작은 나라인 코스타리카는 그들이 되살린 숲과 생태계에 대한 자부심이 대단하다.

멕시코에서도 생태계 서비스 확보를 위해 2003년부터 1헥타르의 산림 보전에 30-40달러를 지급하고 있는데, 이 방법으로 현재까지 약 100만 헥타르 이상의 산림을 되살렸다.

위에서 살펴본 중국, 멕시코, 코스타리카의 성공은 정부 주도형 경로의 성공 사례다. 물론 중국의 경우 한국 만큼의 광범위한 면적을 복원했지만 아직 성공 여부를 판단할 수가 없고 코스타리카와 멕시코, 베트남은 일부 국토를 복원 했을 뿐이다. 산림 복원이 국가차원에서 성공적으로 이뤄지고 마무리가 된 나라는 아직 한국뿐이지만 이들 나라도 법과 제도를 갖춰가는 과도기적인 성공 사례로 보기에는 충분하다.

이제 아시아에서도 말레이시아의 사바 지역 보전을 위한 환경기금, 베트남의 생물 다양성 훼손 보상금제도, 몽골의 에너지와 광산 개발에 따른 생태계 상쇄 프로그램 등이 시행되고 있다. 산림 복원을 비롯한 환경 이슈는 이제 전 세계의 경제시장을 주도하는 추세다.

최근 들어 북한 역시 산림복원을 위해 산림법 개정, 산림관련 조직 개편, 10개년 산림 복원 정책 추진 등 많은 노력을 기울이고 있다. 그러나 예측불가능한 정치 사회적 환경으로 인해 효과적인 운영이 이루어지지 못하는 것이 사실이다.

북한은 중국과 베트남, 한국의 경우처럼 사회주의 체제의 강점인 강력한 리더십을 기반으로, 산림 복원을 위한 법과 제도를 구축하고, 토지이용권 강화를 통해 주민들의 자발적인 참여를 이끌어 내야 한다. 현재 북한 산림 황폐화가 불법벌채, 농경지 확보와 화전 개간 등 경제적인 원인에서 발생한다는 점을 미루어 볼 때 북한 산림 복원이 성공하려면 주민들의 공감대와 적극적 참여가 절대적 조건이다.

또한 국제사회와의 공조를 통해 지속적인 원조를 이끌어내고, 산림 복원을 위한 특별기금을 조성해 투명하게 운영해야 한다. 북한은 이미 협동농장과 담당림 등 정비된 산림체계를 가지고 있기 때문에 한국의 새마을 운동과 같이 지역단위의 참여도 기대할 수 있다.

3 분단국가였던 독일과의 협력모델

통일 후, 서독을 경악케 한 것은 동독의 환경문제였다

대부분의 사회주의 국가들처럼 동독은 자본주의 국가들을 향하여 '자본주의는 필연적으로 환경파괴를 동반할 수밖에 없다' 고 비난했었다. 그러나 통일 후 동독 지역을 조사한 서독을 가장 경악케 한 것은 다름 아닌 심각한 환경오염이었다. 동독은 동서독 간 체제 경쟁적 차원에서 우월함을 과시하기 위해 급속한 경제성장을 최우선으로 하는 국가를 운영해왔다. 당연히 환경문제에는 소홀할 수 밖에 없었다.

통일 이후에 드러난 동독의 환경실태는 서독보다 훨씬 심각했다. 서독에 비해 열배 이상 높은 SO_2 배출량, 하수처리시설의 미비로 인한 심각한 수질오염, 그리고 방사능 오염에 심각한 산림 훼손까지 어디서부터 손을 대야 할지 모를 정도였다.

특히 산림 훼손의 규모는 동독 전체 산림의 54.3%나 됐다[13] 이미 동독 전체의 자연환경 중 40% 이상이 생태계의 균형이 깨어진 상태였다. 이렇게 악화된 주원인은 갈탄과 채굴광산, 쓰레기 폐기물 처리 규정의 부재, 비료와 제초제의 과잉사용으로 인한 공업화된 농업, 무분별한 토지경작, 콘크리트 포장의 남용, 그리고 방사능을 포함한 오염물질 방출과 계속되는 토질오염 등이었다.[14]

수질오염도 심각했다. 당시 동독의 모든 수자원의 1/4과 흐르는 물의 절반이 첨단 기술로도 더 이상 정화될 수 없는 상황이었다. 그것은 매년 40억m^3의 공업폐수가 정화되지 않은 채 지하수나 강으로 흘러들었기 때문이다. 광범위한 지역에 들어선 공장과 농장, 그리고 쓰레기들이 지하수를 심각하게 오염시켰다. 발전소에는 필수 시설인 연소가스 정화시설이 부족했다. 공공시설과 가정에서는 황을 다량 함유하고 있는 갈탄을 남용해서 공기오염을 가속화했다. 아무데나 버려지는 중금속 역시 환경을 아주 심하게 오염시켰다.

자본주의는 반환경적인 사회라고 강력히 비난했던 동독의 사회주의 체제가 환경파괴를 동반할 수밖에 없었던 데에는 몇 가지 이유가 있었다. 첫째, 사회주의 체제에서는 개인들의 책임감이 전반적으로 낮은데 그중에서도 환경오염으로 인한 사회적 비용에 대한 책임의식은 느끼지 않았다. 둘째, 단기적인 성장만을 강요하기 때문에 환경 보호차원의 산업구조 조정이나 생산 수단의 투자가 어려웠다. 셋째, 적정한 시장가격이 없기 때문에 비효율적으로 에너지를 남용해서 환경오염을 가중시켰다. 넷째, 동독 경제가 점차 국제적으로 고립됨에 따라 환경보호 기술과 경험이 낙후되어 스스로 파괴된 환경을 복구할 능력이 없었다. 다섯째, 낙후된 동독의 기술수준과 취약한 경제력으로 인해 환경분야 기술이나 설비가 부족했다. 환경파괴와 경제성장 저하의 악순환이 계속되면서 환경오염은 점점 더 심각해져갔던 것이다.

실제로 통일이 된 직후, 통일정부가 우려했던 사태가 벌어졌다. 베를린 장벽이 무너지자 마자 동독 주민들이 서독지역으로 밀려내려온 것이다. 당시 서독정부는 동독 주민의 대거 이주를 대비해 동독 지역에 시설과 인프라, 복지에 천문학적인 돈을 쏟아 부었다. 동독도 서독만큼 살만한 환경으로 만들어 놓기 위해서다. 당시 서독은 국가부채가 없었지만 동독 지역을 살리기 위해 막대한 국가부채를 만들면서 이 일을 추진했다.

1989년 5월 2일 오스트리아 인근지역의 헝가리 국경.
이날만 약 600명의 동독주민들이 동독을 탈출했다. 자료출처:독일역사사료관

그랬음에도 불구하고 동독 주민 100만 명이상이 서독으로 이주했다. 실제로 베를린 장벽을 무너뜨린 주체가 동독 지역 주민들이었다. 그들이 서독으로 가야만 했던 가장 큰 이유가 바로 에너지, 재원, 일자리 때문이었다.

그들은 단순히 건물을 세우고 도로를 내고 전기 공급이 되는 차원이 아닌 안전한 수질과 울창한 숲, 가뭄과 홍수에 대비한 국가 안전시스템

1991년부터 2000년까지 독일의 통일비용 추정 내역

	내역	액수(DM)		비고
통일을 위해 필수불가결한 1회성 지출	•신탁청 관리기업으로 인한 부담액 •동독의 부채, 화폐통합에 따른 차액지원 •과거청산에 따른 피해보상 (인적보상 7억, 재산보상 150억) •소련군 철수비용 지원	2,500억 1,000억 157억 130억	총 3,700억	18%
동독재건 및 생활수준 격차해소 비용	•환경정화 시설 투자 •교통망 개선 (철도 480, 도로700, 해운 80, 공항 10) •에너지 산업 설비 현대화 •교육환경 격차 해소 •우편·통신 분야 시설투자 •주택분야 보수·유지 및 현대화 •의료시설 확충 •농업구조 재편을 위한 지원금	2,000억 1,270억 700억 700억 550억 500억 300억 70억	총 6,400억	32%
신연방주 지역 노동자 (750만 명) 생산성 향상을 위한 투자	•새 일자리 창출 (20만 DM × 일자리 250만개) •일자리 현대화 (10만 DM × 일자리 500만개)	5,000억 5,000억	총 1조	50%
	계		2조DM	100%

자료출처 : 주독한국대사관(「숫자로 본 독일통일」 1992, p.210~211)

이 작동하고 있는 지역에 정착하기를 원했다. 또한 안전한 식량공급과 쾌적한 자연환경이 있는 곳에서 살고 싶어했다. 그것은 상대적으로 그들이 살아온 동독이 그런 것들을 충족시켜주지 못했다는 사실을 반증한다.

위의 표를 보면, 동독재건 및 생활수준 격차해소 비용이 전체 통일비용의 32%를 차지한다. 그 중에서도 환경정화 시설투자 비용이 2000억 독일 마르크로 가장 높은 비율을 보인다. 환경정화 비용이 교통망, 에너지 산업설비, 교육환경, 통신, 주택, 의료, 농업 구조 개선에 들어가는 비용보다 더 들어가는 이유는 그만큼 사업 범위와 규모가 광범위하고 시간도 오래 걸리는 사업이기 때문이다.

서독의 뼈아픈 후회, 환경협력 너무 늦었다

최근 박근혜 대통령이 독일을 방문했을 때 통일 당시 서독 측 총리를 지낸 인사에게 '통일 당시 가장 아쉬웠던 점은 무엇인가' 를 물었다고 한다. 그런데 그 답은 '인포메이션(정보), 인포메이션, 인포메이션' 이었다. 전 서독 총리는 동독에 대해 너무 몰랐다는 사실을 몹시 아쉬워했다는 것이다.

통일 직후, 동독지역의 환경오염과 파괴정도를 조사한 통일독일 정부는 분단기간 동안에 좀 더 일찍 환경협력 사업을 추진하지 못한 것을 후회했다. 동서독 지역간의 사회 기반시설의 격차는 컸지만 그 중에서도 기본적인 산림보존과 자연환경, 그리고 환경설비가 되어있지 않은 생산시설은 동서독 주민들 간에 문화적 이질감을 불러일으킬 정도였다. 서독이 동독 지역의 환경오염과 산림훼손 상황을 정확하게 파악하지 못하고 방치한 사이, 동독의 환경은 급속도로 황폐화되어 결국 통일독일 정부가 떠안아야 할 부담만 더 커졌기에 '정보가 그만큼 중요' 하다는 언급을 한 것이다.

사실 환경오염과 파괴는 국경을 초월하는 문제이다. 피해의 정도에 따라 관련 국가들의 공동대응이 필요하며, 이는 동독과 서독도 예외는 아니었다. 지정학적으로 중부유럽에 위치하고 높은 인구밀도를 가지며 산업화가 진전된 두 국가의 환경문제는 이미 1970년대 초부터 시급히 국가적으로 해결해야 할 과제로 떠올랐다. 동독의 환경파괴는 서독에게도 커다란 문제가 되었으며, 그중 서독은 지형상 동독의 환경오염의 영향을 피할 수 없는 불리한 위치에 있었다.

서독은 동독에게 환경오염 방지대책 실시를 촉구했다. 동독은 원칙에 동의는 하였으나 그에 따른 효과적인 대응책 마련에는 미온적이었다. 자신들의 노력의 대가를 서독이 함께 누린다는 이유도 한몫했다. 이러한 동독의 태도를 지켜보던 서독은 동독에 환경기술 협력 사업을 하자고 제안했다.

이 사업은 1972년 12월 21일 기본조약 체결과 함께 시작됐다. 이 조약 제 7조에는 서명 당사국들이 환경보호 및 기타분야에 있어서 공동협력을 촉진하고 발전시키기 위하여 쌍방에 이익이 되는 협정을 체결한다고 규정되어 있고, 이 조약 추가의정서 제2창 제7조에는 한 쪽이 상대를 손상과 위험으로부터 예방하기 위해 환경보호 분야에 있어서 합의한다는 양해사항도 있었다. 하지만 동서독 사이에 내재되어 있던 정치적 견해차, 경제적 수준 차이가 환경보호를 위한 장기적인 협력관계를 구축하는 데 큰 제약으로 작용했다.

기본조약의 합의에 따라 1973년 11월 말부터 협력 사업을 위한 협상이 시작됐다. 그런데 1974년 7월 동독은 협상을 일방적으로 중단시켰다. 이유는 서독이 서베를린에 연방환경성을 설립한 것이 '전승 4개국 협정'을 위반한 행동이라는 것이었다. 이후 1974년부터 1980년까지는 환경보호와 관련된 어떤 대화도 이루어지지 않았다.

침체된 동독 경제로 인한 재정 문제도 컸다. 결정타는 세계 유류 파동이었다. 동독으로선 경제가 위협당하는 어려운 여건 속에서 차선의 문제로 여겨지는 비생산적인 환경보호에 투자할 여유가 없었다. 당초 서독은 동독의 환경정책이 사전보호 차원에서 출발하는 광범위한 정책이기를 기대했다. 하지만 동독은 계속 서독 측이 비용을 부담해야 한다고 요구했다. 서독은 오염자 부담원칙을 주장했지만 동독은 수혜자 부담원칙을 고수했다. 이는 서독의 지원을 더 많이 끌어내기 위한 전략이었다. 결국 서독은 예외적인 경우라는 내부 타협을 이루어 협력 사업에 참여하기로 결정했다. 동독의 까다로운 통제로 인해 제한적이나마 추진되었던 모든 사업과정에서 서독은 당시 동독이 부담해야 할 비용을 대신 부담하거나 기술을 제공하는 방식으로 사업을 진행시켰다.

결국 동서독의 환경협력은 서독의 주도로 이루어졌다. 서독은 '독일 땅, 독일인'이라는 근본적인 정체성을 바탕으로 외국이 아닌 '동족간'의 협력이라는 토대위에서 동독을 지원했다. 동독의 환경문제는 결국 서독이 해결해야 할 몫이이라는 사실을 서독 내부적으로 공감하고 합의를 이루었다. 서독의 양보와 희생으로 성사된 동서독 환경협력은 동독과 서독의 관계가 정상화되는 조치였으며, 나아가 통일의 기초를 다지는 의미 있는 과정으로 평가받고 있다.

동서독 환경협력은 사실상 환경이슈 해결차원에서는 큰 성과를 내었다고 말하기 어렵다. 냉전 중이었던 시대적 분위기로 인해 상당기간 실질적인 협력이 이루어질 수 없었다. 그러나 70년대 초에 시작한 사업을 80년대까지 포기하지 않고 동독과 대화의 끈을 이어온 서독의 노력은 결국 얼마 가지 않아 통일로 열매를 맺었다.

공산국가 중에서 경제적 수준이 높았던 동독의 환경오염 정도를 보면 북한의 환경오염과 파괴 수준을 짐작할 수 있다. 동독의 주 에너지원도 갈탄이었고, 북한 역시 석탄을 주 에너지원으로 사용하고 있으며, 동독과 북한이 모두 환경과 산림을 파괴하는 군사기지와 시설들이 많다. 동독의 환경오염문제는 곧 서독이 해결해야 할 문제였듯이 북한의 환경문제 역시 통일을 이끌 남한의 몫이다. 서독의 주도로 이루어진 동서독 환경협력을 볼 때, 남북한 환경협력은 경제력과 기술력을 갖춘 남한이 적극적이고 주도적인 역할을 해야 한다.

한스 자이델의 충고-다가온 기회를 절대 놓치지 마라.

독일의 비영리재단인 한스 자이델은 2003년에 북한의 승인을 받고 북한에서 협력 프로젝트에 착수했다. 처음에는 주로 무역 역량강화를 돕는 사업을 했으나 2008년부터는 심각하게 훼손된 북한 산림을 살리는 프로젝트를 주요 사업으로 시행해왔다.

2008년, 한스 자이델은 북한 국토환경보호성 산하의 산림설계기술연구소와 협력 관계를 맺은 후, 2009년 5월에는 북한에서 〈지속가능한 산림경제〉를 주제로 최초의 산림 세미나를 열었다. 2009년 11월에는 두 명의 북한 산림 기술자를 한 달 간 독일 브란덴부르크 주 산림기관에 위탁해서 연수 기회를 제공했다. 그 이후에도 현재까지 한스 자이델은 북한에서 다양한 세미나와 조림 사업 실시 계획도 갖고 있다.

2013년 독일 한스자이델 재단본부에서 열린 서울대 연구팀과 독일산림전문가들의 북한 조림 워크숍.

고맙게도 한스 자이델은 대북 산림협력 사업에서 얻은 교훈을 한국의 산림 전문가들과 공유해왔다. 그들의 말에 따르면 북한은 1995년 대홍수 이후에 산림의 경제적, 환경적 가치를 깨닫게 되었으며, 그때부터 식목계획과 연간 관리계획 등을 수립했지만 이를 현장에서 강력하게 실행할 수 있는 조직력에 한계가 있었다.

그들이 현장에서 지켜 본 산림황폐화 지역 주민들의 상황은 매우 열악하다. 주민들에게 가장 중요한 것은 자신들이 개간한 산악농경지를 지속적으로 경작하면서 조림사업의 수혜를 받는 것과 동시에 땔감을 사용할 수 있어야 한다는 것이다. 또한 그들은 유실수처럼 성장이 빠른 연료용 나무를 원한다. 그러니 북한에서 조림을 하려면 이런 현장의 요구를 잘 알아야 한다.

무엇보다 반가운 사실은 북한의 산림관계자들이 외부와의 교류 및 협력 의지가 강하다는 것이다. 특히 최근 2년간 그들은 외부와의 교류, 협력과 관련해 비약적인 태도의 변화를 보이고 있다.

가장 대표적인 예로 정보 활용의 태도가 변했다. 불과 2-3년 전까지만 하더라도 북한은 외국의 다른 자료들은 적극적으로 접근하는 반면, 한국에서 발간된 관련 자료는 무조건 제외시키곤 했다. 북한의 산림 복원을 하는 데 가장 유용한 자료가 한국에서 발간된 자료임에도 불구하고 단지 정치적인 이유 때문에 활용하지 않았다.

그러나 최근 이러한 태도에 분명한 변화가 나타나기 시작했다. 이미 한국에서 나온 자료도 기꺼이 받겠다는 의사표시를 여러 차례 한 바 있고, 한국의 전문가들과 접촉하는 태도도 달라졌다. 2012년 6월 한스 자이델 재단은 독일에서 산림을 주제로 한 남북한 세미나를 열었다. 당시 북한 산림관계자들은 이 세미나에 참석하는 데 큰 거부감을 보이지 않았을 뿐 더러 행사 기간 내내 한국의 전문가들과 원만한 관계를 유지하며 많은 대화를 나누었다. 벼랑의 끝까지 간 북한 산림을 살려야 한다는 절박함이 가져온 변화였다.

북한 산림관계자들의 교류의지는 확실했다. 종종 정치적인 이슈 때문에 어려움이 있긴 하지만, 산림 분야의 교류 및 접촉 노력을 계속한다면 정치적 변화가 왔을 때 매우 빠른 교류와 신뢰 구축을 기대할 수 있을 것이다. 이러한 맥락에서 남북한 간의 산림협력 및 교류는 상황에 따라서 통일의 물꼬를 트는 징검다리가 될 가능성도 매우 높다. 북한 산림관계자들은 전문지식에 대한 열의가 강하며, 습득과 이해가 빠르다. 따라서 기회가 주어지면 빠른 시간에 큰 발전을 기대할 수 있다.

통일 총리라 불리는 헬무트 콜 총리를 비롯한 서독의 수뇌부는 예고도 없이 잠시 열렸던 '기회의 창' (Window of opportunity)을 감지하고 그 천재일우의 기회를 포착할 준비가 되어 있었다. 통일을 앞둔 한국이 독일 통일의 교훈에서 배울 점은 여러 가지가 있겠지만, 그 중 가장 큰 교훈은 바로 '기회의 포착' 이다.

어느 서독 산림학자의 회고

서독의 산림학자 게오르그 폴크바르츠 박사는 1989년 베를린 장벽이 무너진 후부터 1990년 7월에 동서독이 완전히 통일독일로 다시 태어나기까지 동독지역의 산림복원에 참여했다. 그 때의 기억을 다음과 같은 기록으로 남겼다.

> ....1989년 11월 동서독을 가른 벽이 무너졌을 때, 우리는 형언할 수 없는 기쁨을 느꼈다. 동서독 사람들은 다시 하나가 되어 마음 편하게 대화를 나눌 수 있었고 40여년 간 오갈 수 없었던 곳에 아무런 제제 없이 발을 디딜 수 있게 됐다. 그 이듬해인 1990년 초 나는 동독지역 산림전문가들에게 연하장을 보냈다. 첫 번째 답장은 슈베린에서 왔는데, 그 지역의 산림담당관이 만날 용의가 있다는 회신이 담겨 있었다. 그와 만나기로 한 날, 나는 흥분해서 밤새 뜬 눈으로 밤을 새운 뒤 새벽에 차를 타고 길을 떠나 아침 7시에 경계지역인 술툽을 통과했다. 마음만 먹으면 이렇게 경계선을 통과해서 동독으로 갈 수 있다는 사실이 믿기지 않았다. 눈에 보이는 모습은 낯설었지만 그래도 이제 같은 독일땅이기에 기뻤다.
>
> 그런데 동독 출신이 아닌 나는 슈베린에서 한참이나 헤매다가 산림청을 찾았다. 서독의 벤츠를 세우기엔 다소 좁은 주차장에 겨우 차를 세우고 사람들에게 물어물어 겨우 슈베린의 산림청에 도착했는데, 마침 나를 초대한 슈미트 산림담당관은 몸이 아파서 결근을 했다고 한다. 그 대신 부산림담당관인 후베씨가 나를 맞아주어 그와 함께 슈베린 산림청 사람들

과 유익한 대화를 하고 친분을 쌓았다.

며칠 뒤 로슈톡의 캘러 산림담당관도 나를 초청했다. 그는 일면식도 없는 내게 직원들을 위해 강의를 해줄 수 없겠느냐고 물었다. 서독 출신인 내게 이런 자리를 마련해준 그의 용기가 경이롭기까지 했다. 드디어 1990년 2월 8일, 동독 지역으로 넘어가 캘러 산림담당관과 만났다. 그 만남이 오랜 우리 인연의 시작이었다. 강연장으로 가는 길, 함께 차를 타고 가는 캘러 담당관이 한 말은 내내 잊혀지지 않았다.

> 우리는 지금 격변 속에 있습니다. 내일 내가 여전히 이 자리에 있을지 나는 모릅니다. 그러나 내가 이 자리에 있는 동안에는 내 직원들과 산림을 돌보는 책임을 다할 것입니다.

강연장에 도착해 막상 단상에 서니 무슨 내용을 말해야 할지 몰라 머릿속이 하얘졌다. 서독 출신 산림학자가 동독에서 산림 강의를 하다니, 불과 얼마전까지만 해도 상상조차 할 수 없는 일이다. 내가 멕클렌부르크 주의 산림에 대해서 아는 내용은 1937년 산림백서에 나오는 내용이 전부였고 현장을 본 적은 당연히 없었다. 그런 서독의 산림학자인 내가 동독의 산림에 관해 이런저런 이야기를 한다면 건방진 사람으로 보일 게 분명했다.

당시 나의 목표는 신뢰를 쌓는 것이었다. 그래서 나는 양측이 서로 만나서 이야기를 나눌 수 있어 기쁘다고 강조했고, 서독의 행정체계를 설명하고, 계획경제와 사회적 시장경제의 차이점에 대해 이야기했다. 1990년 2월 14일, 캘러 담당관은 자신이 관리감독하는 관내 산림당국 간부들과의 간담회에 나를 초대했다. 자리를 함께 한 동독의 산림관계자들은 대체적으로 산림이 국유림이어야 한다는 생각이었다. 나는 이에 대해 사유재산이 되지 않고서는 발전하기 어렵다는 점을 설명했다. 우리는 그날 산림관리의 기본적인 구조에 대해 이야기했다.

백문이 불여일견이다. 나는 그 자리에서 8명의 동독 측 산림관계자들을 내가 근무하는 주로 초청했다. 이들이 방문했을 때 서독 산림기관의 행정구조와 수행과제에 관한 내용을 이해시키고 저녁에는 산림조합 및 수렵협회사람들과 간담회를 마련했다. 동독 지도자급 산림관계자들의 초청연수는 그 뒤에도 계속 진행됐다. 그에 보답이라도 하려는 듯, 연수를 마치고 돌아간 동독의 산림관계자들은 자기들이 일하고 있는 산림관리 현장에서 변화하기 위해 노력했다.

내가 근무했던 주의 산림당국은 우리의 교류가 원활히 진행되도록 아낌없이 도와주었다. 동독 산림관계자들의 연수비용 전액을 부담했고 우리의 동독출장은 언제든 허가해주었다. 나의 상관이었던 메르포르트 차관은 늘 '기회가 될 때마다 가서 도와주라'고 격려했다. 이런 헌신적인 노력과 지원을 인정받아 우리 주의 산림당국은 동독 재건 지원 프로젝트의 모범 사례로 선정됐다. 활발하게 진행된 상호방문과 현장 중심의 세미나 등의 교류 결과, 독일이 공식적으로 하나의 통일국가로 돌아왔던 그 시점에 우리와 교류했던 동독의 메클렌부르크주와 포어포메른 주는 효율적인 산림기구를 출범시켰고 관련된 필수 행정규범과 산림관련법을 마련했다

자료출처 : 한스자이델재단 한국사무소

위의 회고담은 남북한 산림협력에 있어서 가장 중요한 시사점을 제공한다. 비록 시점은 통일이 되어가고 있었던 때였고 동서독의 기술 및 지식 격차도 우리와 북한 만큼 편차가 크지 않았다. 하지만, 분단의 선이 무너지고 상호 방문의 문이 열리자 마자 동독을 찾은 한 서독 산림학자의 노력으로 불과 몇 개월 만에 상대 지역에서 필요한 관련 법규와 행정조직, 인력개발이 이루어졌다는 점은 매우 시사적이다.

이렇게 빠른 시일 안에 성공할 수 있었던 것은 인적 교류에 투자한 만큼 신뢰와 네트워크가 구축되었기 때문이다. 이 진리가 한반도에서 달라질 이유는 없다. 우리의 꾸준한 교류와 신뢰를 쌓기 위한 노력만이 시간을 다투는 북한 산림 복원의 지름길이다.

4 북한의 산림 복원 의지

위기에 놓인 산림, 북한의 빗장을 열다

달라진 북한 산림관계자들을 처음 만난 것은 2011년 8월 몽골에서였다. 당시 〈동북아시아 조림 워크숍〉에서 북한 정부 관계자 4명과 북한 산림에 대해 대화를 할 기회가 있었다. 그런데 당시 그들은 이전에는 볼 수 없었던 적극성과 개방된 태도로 북한 산림의 절박한 상황을 털어놓고 도움을 요청했다.

당시 그들이 지원을 요청한 분야는 한두 가지가 아니었다. 양묘와 비료 그리고 다른 화학물질을 비롯한 물자지원, 조림과 사방공사를 위한 기술지원에 재정지원도 필요하다며 속내를 털어놓았다. 그들의 말을 통해 우리는 북한 산림이 벼랑의 끝에 서 있음을 알게 됐다. 가장 충격적인 말은 '남한의 산림전문가들이 직접 도와줬으면 좋겠다'는 것이었다. 국제기구는 까다로울뿐더러 언어소통이 원활하지 않아서 사업시행에 문제가 많다는 게 이유였다.

더군다나 '남한은 산림복원에 성공했으니, 북한 산림 복원도 성공시킬 수 있지 않겠느냐' 는 말을 하는 것을 직접 들은 한국의 산림학자들은 귀를 의심하지 않을 수 없었다고 한다. 그것은 불과 5년 전까지만 해도 상상조차 할 수 없었던 일이었다. 그 때만 해도 북한의 산림학자들은 우리가 '남한의 조림 성공은 박정희 대통령이 이룩한 성과' 라고 말을 하면 그 자리에서 일어나 책상을 박차고 나가곤 했다.

그랬던 이들이 이제는 박정희대통령이 현장을 시찰하면서 인부들에게 조림을 격려하는 사진을 보여줘도 아무런 거부 반응을 보이지 않을 뿐 아니라 부러운 눈빛으로 보면서 그들을 도와달라고 부탁을 했다. 참으로 반가운 변화가 아닐 수 없다.

대외적인 태도만 변한 것이 아니다. 북한은 언론을 통해 북한 주민들

2011년 8월, 몽골 울란바토르에서 열린 북한산림복원 국제워크숍

에게도 산림 복원의 중요성을 강조하고 있다. 2010년부터 노동신문에도 산림보호에 대해서 강한 논조로 주민들을 설득하는 사설이 등장했다. 그 내용은 산림에 대한 북한의 입장이 어떻게 바뀌었는지를 말해주고 있다.

오늘은 식수절이다. 지금 전체 당원들과 근로자들은 불타는 애국의 열정을 안고 봄철 나무심기에 한 사람 같이 떨쳐나서고 있다. 위대한 령도자 김정일 동지께서는 다음과 같이 지적하시였다.

《산이 국토의 대부분을 차지하는 우리나라에서 산림을 잘 조성하고 효과적으로 리용하면 나라의 경제를 발전시키고 인민생활을 높이는데서 많은 문제를 풀 수 있습니다.》

산림조성사업은 인민의 행복과 나라의 부강번영을 위한 숭고한 애국사업이며 만년대계의 대자연개조사업이다. 나무를 대대적으로 심어 울창한 산림을 조성하여야 나라의 자연부원을 늘이고 국토의 면모를 일신할 수 있으며 인민들에게 보다 훌륭한 생활조건과 환경을 마련해줄 수 있다. 어버이수령님의 유훈대로 나라의 모든 산들을 황금산, 보물산으로 만들어 후대들에게 물려주려는것은 우리 당의 확고한 결심이다.

산림이 울창해야 동식물자원이 풍부해지고 경공업발전에 필요한 원료도 우리의 자원으로 원만히 해결할 수 있다. 나무가 많아야 큰물에 의한 피해도 막을 수 있고 농경지를 보호하여 농업생산에서도 전환을 일으켜

나갈수 있다. 산림과학을 발전시켜야 한다. 산림과학 연구기관들에서는 산림조성사업에서의 세계적 추세를 잘 알고 나무육종과 산림조성, 산림보호 관리에서 나서는 과학기술적 문제들을 연구하여 풀어나가야 한다.

나무심기를 전군중적으로 더욱 힘 있게 벌려야 한다. 산림조성과 보호사업은 어느 한두 사람의 힘만으로는 할 수 없으며 이 사업에 참가해야 할 사람과 단위가 따로 있는 것이 아니다. 이 땅에 태를 묻은 사람이라면 누구나 나무심기에 한사람같이 떨쳐나서야 한다. 농촌살림집들의 주변에는 5그루 이상의 과일나무를 심어 배나무집, 살구나무집, 감나무집들을 끊임없이 늘여나가야 한다.

(2011년 3월 2일 노동신문 사설 "조국의 미래를 위하여 더 많은 나무를 심자" 중)

높은 담과 텃밭 뿐인 북한의 농촌. 이집들이 배나무집, 감나무집으로 불리는 시절이 언제쯤 가능할까.

이 사설은 울창한 산림을 황금산, 보물산이라고 말하며, 산림보호를 위한 당의 결의가 확고하다고 반복해서 강조하고 있다. 또한 산림이 있어야 동식물자원과 경공업에 필요한 원자재가 공급된다는 설명과 산림과학 기술 개발의 필요성을 열거하면 배나무집, 살구나무집, 감나무집들이 생겨나도록 노력해야 한다고 주민들을 설득하고 있다. 뿐만 아니라 각종 환경 관련 세미나 소식도 전하며 주민들에게 환경에 관한 관심을 촉구하고 있다.

> ......평양국제 새기술 경제정보쎈터와 환경교육 보급계획의 공동주최로 산림 및 경관회복에 관한 국제토론회가 7일부터 9일까지 인민문화궁전에서 진행되었다. 토론회에는 중국, 네데를란드, 단마르크, 도이췰란드, 미국, 영국, 카나다 대표들과 환경교육보급계획 집행국장이 참가하였다. 국토환경보호성, 국가과학원, 국가과학기술위원회, 농업과학원, 조선자연 보호련맹, 중앙위원회, 김일성종합대학, 중앙식물원 등 여러 단위의 일군들, 과학자, 연구사, 기술자들이 여기에 참가하였다.
>
> 토론회에서 연설자들은 지구의 환경을 보호하는 문제는 인류의 생존, 미래와 련관되는 심각한 문제로 나서고 있다고 하면서 세계 여러 나라 환경 분야의 과학자, 기술자들이 이에 공동으로 대처해 나갈 데 대하여 강조하였다. 그들은 이번 국제토론회가 인류의 재보인 환경을 보호하고 그 발전을 이룩하기 위한 세계적인 노력에 기여하게 되리라는 확신을 표명하였다.

토론회에서는 우리나라를 비롯한 여러 나라의 권위 있는 과학자들의 토론이 있었다. 토론자들은 국토환경보호성 산림관리국 중앙산림설계연구소 소장 려성화, 중국 베이징산림대학 교수 류쥔궈, 미국 머린랜드 종합대학 교수이자 박사인 마가레트 팔머, 도이췰란드 고팅겐종합대학 교수이자 박사인 오토 미첼 무흘버그, 국제자연보호련맹 생태계회복대상계획 책임자 바우어즈 죤 케이쓰, 단마르크 산림 및 경관연구소 상급연구사 박사 매드센 페일리, 영국 물관리전문가 박사 하디먼 리챠드 등의 론문들에서 학술적 문제들을 깊이 있게 해설하였다.

산림 및 경관회복에 관한 국제토론회는 세계 여러 나라 과학자들이 환경보호분야에서 제기되는 문제들에 대하여 유익한 의견교환을 진행하고 실천적경험과 지식을 체득하는 의의있는 계기로 되었다…….

(2012년 3월 10일 노동신물 사설 '산림 및 경관회복에 관한 국제토론회 진행' 중)

이 사설은 북한의 산림문제에 당국이 얼마나 다양한 교류를 하고 있는 지를 매우 상세히 보도하고 있다. 북한과 외국 산림 전문가들의 이름을 일일이 열거할 뿐 아니라 그들이 발표한 주제까지 언급하고 있다.

산림조성과 보호관리사업을 잘하여 온 나라를 수림화, 원림화 하여야 합니다. 그런데 지금 산림조성과 보호관리사업이 제대로 진행되지 못하고 있습니다. 지금 우리나라에는 벌거숭이가 된 산들이 많습니다. 10년 안으로 벌거숭이산들을 모두 수림화하여야 하겠습니다. 산림을 보호하자면 인민들의 땔감문제를 결정적으로 해결하여야 합니다. 산림과학연구기관들에

북한은 이례적으로 2012년에 독일, 덴마크, 캐나다 등 산림선진국 전문가들을 초청하여
산림복원토론회를 열었다.

서는 나무 육종과 산림조성, 산림보호 관리에 나서는 과학기술적 문제들을 깊이 연구하여 풀어나가야 합니다.

(2012년 4월 27일 노동신문 사설 '사회주의 강성국가 건설의 요구에 맞게 국토 관리사업에서 혁명적 전환을 가져올 데 대해 당, 경제기관, 근로단체 책임일군들과 한 담화' 중)

1년 뒤 노동신문의 사설에서는 북한이 산림 및 경관회복을 위해 국제토론회를 열고 국제 산림 전문가들을 초청했다고 밝히고 있다. 또한 이 북한 측에서는 산림과 관련된 모든 분과의 인사들이 토론회에 참석했다. 4월에는 산림보성과 보호관리 사업이 제대로 진행되지 못하고 있으며 북한에 벌거숭이산이 많다고 직접적으로 상황을 언급한다.

해마다 장마철에 무더기비가 내려 큰물이 나면서 적지 않은 부침땅이 매몰되거나 류실되고 있습니다. 장마철대책을 철저히 세우고 강바닥파기와 제방쌓기를 하여 부침땅이 매몰되거나 류실되는 일이 없도록 하여야 합니다.

우리나라의 논과 밭은 개간한지 오래고 비탈진 곳이 많기 때문에 영양분이 빗물에 씻겨 내려가 척박하고 산성화되여 있습니다. 토지를 개량하여 논밭의 지력을 높여야 합니다. 필지별로 토양의 조성을 분석한데 기초하여 흙깔이도 하고 소석회도 치며 유기질비료를 많이 내고 록비작물도 심어야 합니다.

산림조성과 보호관리사업을 잘하여 온 나라를 수림화, 원림화 하여야 합니다. 국토의 거의 80%를 차지하는 산림은 나라의 가장 귀중한 자원이고 후대들에게 물려주어야 할 재부이며 국토를 보호하기 위한 중요한 수단입니다.

그런데 지금 산림조성과 보호관리사업이 제대로 진행되지 못하고 있습니다. 해마다 봄,가을철에 나무를 많이 심고 있지만 나라의 산림실태는 별로 개선되지 않고 있습니다. 지금 우리나라에는 벌거숭이가 된 산들이 많습니다. 지방 들에 나가보면 《산림애호》《청년림》《소년단림》이라고 써 붙인 산들 가운데도 나무가 거의 없는 산들이 적지 않습니다. 나무를 많이 심고 산림을 보호하기 위한 전당적, 전국가적인 대책을 세워야 합니다.

나무심기는 전군중적운동으로 하여야 합니다. 전국의 모든 산들에 나무를 심는 사업은 온 나라 전체 인민들이 떨쳐나서야 성과적으로 보장할 수 있습니다. 기관, 기업소,협동단체, 학교별로 조림구역과 나무심기계획을 주고 봄,가을 나무심기 철에는 누구나 다 나무심기에 떨쳐나서도록 하여야 합니다……

지금 세계적으로 산림면적이 줄어드는것을 비롯한 여러가지 요인으로 하여 생태환경이 파괴되여 동식물종류가 점차 줄어들고 있는 것이 사람들의 커다란 우려를 자아내고 있습니다. 보호구 들을 바로 정하고 그 면적을 단계별로 늘이며 이 지역에서 산업건물과 시설물들을 망탕 짓거나 지하자원, 산림자원을 개발하고 산짐승들을 잡는 일이 없도록 하여야 합니다.

다른 나라들, 국제기구들과의 과학기술교류사업도 활발히 벌려야 합니다. 국토관리와 환경보호부문에도 세계적인 발전추세와 다른 나라들의 선진적이고 발전된 기술들을 받아들일 것이 많습니다. 내가 이미 말하였지만 인터네트를 통하여 세계적인 추세자료들, 다른 나라의 선진적이고 발전된 과학기술 자료들을 많이 보게 하고 대표단을 다른 나라에 보내여 필요한것들을 많이 배우고 자료도 수집해오게 하여야 합니다. 국토환경보호성과 해당 기관들에서 다른 나라의 과학연구기관들과 공동연구, 학술교류, 정보교류를 활발히 진행하며 국제적으로 진행하는 회의, 토론회들에 참가하여 앞선 과학기술을 받아들이기 위한 사업을 적극 진행하여야 합니다……

(2012년 5월 9일 노동신문 사설 '사회주의강성국가건설의 요구에 맞게 국토관리사업에서 혁명적전환을 가져올데 대해 당,경제기관,근로단체 책임일군들과 한 담화' 중)

.....사회주의 강성국가 건설을 위한 오늘의 총 진군길에서 나라의 국토를 강성국가의 체모에 맞게 일신하는 것은 더는 미룰 수 없는 절박한 요구로 나서고 있다. 경애하는 김정은 동지께서는 다음과 같이 말씀하시였다.

오늘 국토관리 부문 앞에는 사회주의 강성국가 건설의 요구에 맞게 국토 관리사업에서 혁명적 전환을 가져와야 할 무겁고도 영예로운 임무가 나서고 있습니다.

국토관리에서 혁명적 전환을 일으키는 것은 현 시기 강성국가 건설에서 나서는 중요한 요구이다. 국토 관리사업을 전당적, 전국가적, 전인민적사업으로 힘있게 벌려나가야 한다.

(2012년 5월 23일 노동신문 사설'국토관리사업에서 새로운 전환을 일으키자' 중)

2012년 5월의 사설에서는 김정은 위원장의 담화를 통해 굉장히 상세하게 북한의 산림 복원 문제가 거론된다. 홍수와 산불, 땔감 문제 등에

남북한 산림정책 비교

	남한	북한
국가 계획	치산녹화계획(1973~1987)	산림조성 10년 계획 (2001~2010) 수립
에너지	연료림 조성, 아궁이 개량	산림에서 연료채취
식량	식량자급	다락밭 조성
황폐지	사방사업, 화전정리사업	화전경작 지속
산림보호	입산금지 산불방지 등 산림보호	외화 획득을 위한 벌채

자료출처: 산림청

대해서 긴급한 상황임을 반복하여 강조하며 김일성 수령과 김정은 장군의 유훈이라는 표현도 등장한다. 북한의 개방적인 모습도 주목할 만하다. 다른 나라와 국제기구와의 공동연구, 학술교류, 정보교류를 활발히 해야 한다고 설득하고 있다.

또한 북한 정부는 주민들의 적극적인 참여를 독려하고 있다. 지구온난화에 공동대처하기 위해 국제사회와의 협력을 강화할 것을 약속하는가 하면 나무 심는 방법 등과 함께 중요성을 강조하고 있다.

같은 달의 다른 사설에서는 '절박하다' 라는 단어까지 등장한다. 그리고 산림 복원에 대해 '혁명적 전환' 이 일어나지 않는 한 북한의 산림 복원이 요원하다는 암시까지 한다. 노동신문의 사설만 봐도 북한의 산림 상태는 매우 심각하며, 북한 당국도 이에 할 수 있는 모든 방법을 다해 대처하려 하고 있다. 그리고 국제사회와 한국을 향해 문을 열고 도움을 요청하고 있다.

국제사회의 이구동성, 북한이 달라졌다

북한이 황폐해져 가는 산림을 그냥 두고 보기만 한 것은 아니다. 남한이 산림 녹화를 위해 열심히 노력하던 그 시기 북한 역시 황폐산림 복구를 위한 국가 계획을 수립하고 다양한 노력을 전개하고 있었다. 그런데 결과는 판이하게 달랐다. 남한은 유엔과 식량농업기구 등의 국제 기구가 인정한 '개발도상국 산림녹화의 성공모델' 이 된 반면 북한은 자연

재해 취약성 세계 7위라는 불명예를 안게 되었다.[15] 북한의 산림황폐화 원인은 한국과 비슷해 보이지만 차이가 많다. 가장 큰 차이점은 60년대 후반부터 황폐산림을 녹화하기 위한 조림사업을 본격적으로 추진한 한국과는 달리 북한은 식량자급의 기치를 내걸고 산지를 개간하여 계단식 농지로 전용한 것이 치명적이었다. 이른바 김일성의 〈다락밭 조성〉 사업이 그것이다.

북한의 산림 도벌 대한 자료는 1961년 김일성의 연설로 거슬러 올라갈 수 있다. 산림 자원이 풍부한 국가에서 김일성은 '자연의 재정비를 통하여 더 넓은 토지를 확보하는 것이 필요하다. 간척뿐만 아니라 국가 전역의 언덕과 고원들 역시 쟁기질 할 땅이 되어야 한다' 고 천명했다.

개성 근교 북한 농가. 역시 다락밭 개간사업으로 일대가 황폐화되었다.

경사가 급한 산지까지 계단식으로 개간하면서 토양침식으로 인한 산지의 표토층 유실을 초래했고, 산지 황폐화와 유실된 토양으로 강바닥이 높아짐에 따라 여름철 집중호우 기간에 하천의 홍수조절 능력을 상실하여 기존의 평지 농지까지 황폐화시켰다.

하지만 산림법을 통해 산림을 관리하려는 노력을 계속해온 것을 볼 때, 북한도 산림의 중요성을 충분히 자각하고 있음을 알 수 있다. 북한의 산림 관련 법안은 산림 조성 보호, 자원 관리, 그리고 임업을 위한 지침을 제공하는 것을 규정하고 있다. 북한은 전체 산악 지역과 산림이 국토의 70% 이상을 덮고 있기 때문에 산림 자원 관리와 보존에 특별한 이해관계를 갖고 있다.

이를 보여준 사례가 1993년에 실시된 〈10개년 재조림사업〉이다. 당시 15만 헥타르의 면적을 재조림하는 계획을 실행에 옮긴 것이다. 하지만 이러한 노력에도 불구하고 북한의 산림 상황은 계속 악화되고 있는 형국이다. 산림 개간, 부족한 연료의 대용, 목재 수출, 그리고 다용도의 산업용도로의 벌목이 북한의 산림파괴의 주요 원인인데 평안도와 황해도 같이 인구 밀집도가 높은 지역은 들에서 더욱 심각하다. 이는 전적으로 나무 식재 이후의 관리 시스템이 제대로 작동하지 않기 때문이다.

그런 상황에서 1995년-1996년 사이에 가공할 만한 대홍수와 끔찍한 가뭄을 경험한 김정일 북한 국방위원장은 산림과 환경의 중요성을 깊이 인식하고 강력한 관련 정책을 시행했다. 2000년에는 〈산림 조례〉를 마련해 산림 관리 투자와 국제 협력에 관한 내용이 정비되었고 2001년부터 2010년에 또 한번의 〈재조림을 위한 10개년계획〉을 수립했다. 그리고 이에 필요한 자금 및 기술을 확보하려는 노력을 기울였다.

이에 따라 식물 종이 빠르게 자라고 번성하도록 20-60헥타르의 재배지가 설정됐다. 불법 벌채와 산불, 그리고 농지 확대를 위한 산림 개조를 강력하게 법으로 금했다. 하지만 실제 얼마나 많은 면적이 재조림에 성공했는지 측정하기 어려울 뿐더러 매년 홍수가 계속되어 식량과 에너지난이 발생했기 때문에 실제로 재조림 계획이 성공했는 지는 미지수다.

치열한 노력에도 불구하고 거듭되는 자연 재해로 인하여 산림 훼손이 가속화되자 북한 정부는 위협을 느끼기 시작, 국제 사회에 북한 내부의 상황을 있는 그대로 알리기 시작했다. 1990년대 중반까지만 해도 자연재해로 인한 피해를 인정하지 않고, 이를 '고난의 행군' 이라 부르며 국가의 '경제적 어려움' 과 '식량 문제' 로 정리했던 북한 정부였다. 그런데 2000년 8월 태풍 프라피룬으로 인한 피해 이후에는 3주 만에 뉴스를 내보냈고 2001년 10월 9일과 10일 이틀간 일어난 홍수 피해는 6일 만에 외신을 통해 보도하였다.

북한의 변화는 이것뿐만이 아니다. 해외의 제도적 지식과 재해관리 능력을 도입하고, 배양하는 데에도 적극적이다. 지난 십년 동안 북한에는 환경과 산림복원에 관한 많은 새로운 기구들이 만들어졌으며 숱한 재해를 겪으며 재해 관리의 중요성에 대해 뼈저리게 경험하며 성장했다.

한 탈북자는 북한당국이 폭우 경보를 내려도 전기가 제대로 들어오지 않아 주민들이 대부분 못 듣는다고 증언했다. AP통신.

또한 유관 기관 간 협력의 중요성에 대해서 이해하기 시작했고 재해 예방 프로그램을 장기적으로 추진하려는 의지도 보이고 있다. 무엇보다 중요한 것은 국제 인도적 기구 간의 협력이 증가하고 있다는 점이다. 2002년부터 스위스 개발 협력청은 북한 산림 복원을 위한 혁신적이며 선구적인 사업을 시작했다. 세계혼농임업 센터는 기술적 자문을 위해 초청되었다. 소위 '경사지 관리 사업'이라 불리는 혼농임업 사업은 꽤 성공적인 것으로 알려졌다. 이 사업에서는 황폐화된 지역을 복구하는 동안 지역 주민들에게 식량, 사료 등을 제공하기 위해 혁신적인 혼농임업 기술을 활용한다. 다양한 협력체들이 함께 일하면서 지역 네트워크를 구성하고 사업 설계를 하는 등, 전 방위적인 혼농임업 사업을 추진한 결과 관련 지역의 산림이 증가하고 토지 생산성도 상당히 개선된 것으로 조사되었다.

4년 전 서울대학교에서 120명 정도의 경영대 학생들을 상대로 북한 산림 복원의 필요성과 긴급함을 충분히 강의한 뒤 '남한이 북한 산림을 복원하는 것'에 대한 찬반을 물었다. 당시 강의를 상당히 설득력 있게 했다고 생각했음에도 불구하고 극소수의 학생들만 그 일에 동의했다. 나는 너무 놀랐다.

실제로 어느 여론조사기관에서 대학생들을 상대로 통일의식을 조사한 적이 있다. 통일에 대해서 긍정적으로 생각한 학생은 7%, 통일을 원하는 학생은 2%에 불과했다고 한다. 그 수업 때 찬성한 학생의 비율은 8%였으니, 그 여론조사기관의 결과가 내 눈 앞에서 여실히 증명된 것이다. 박근혜 대통령은 '통일은 대박'이라고 했지만 어떤 언론기사 제목대로 '통일 교육은 쪽박'인 셈이다.

4

북한 산림 복구로 통일한국을 준비하라

통일세대들에게 휴전선의 장막을 걷고 통일을 하려면, 우리가 어떤 희생을 감수해야 하는지, 어떤 것이 오는 지가 공포로 남아있어서는 안 된다. 오히려 당장 이대로 아무 것도 하지 않은 채 북한이 무너지기를 기다렸다가 통일을 맞는 것에 대한 '감당할 수 없는 공포와 부담'에 대해 깨우쳐주어야 한다. 즉, 통일 준비는 우리가 그들의 짐 때문에 주저앉지 않도록, 주저앉은 북한을 미리 일으켜 세우는 데서부터 시작해야 한다는 사실을 전 세대가 공유해야 된다는 의미다.

1 북한 산림 복원의 출발점

정보, 정보, 정보! 사업의 성패는 정보에 달렸다

통일을 향해 가는 한국에게 북한의 산림 복원은 이제 더 이상 외면할 수 없는 시대적 과제다. 피를 나눈 동족이라는 이유 말고도 북한과 한국은 하나의 생태계 안에 살고 있는 생태적인 한 몸이다. 한국 역시 사막화 되어가고 있는 한반도의 특정 지역에 대해서 관심을 가지고 예방해야 하는 책임이 있다. 또한 한국은 세계에서 유일하게 전 국토 산림녹화에 성공한 경험을 갖고 있을뿐더러 동일한 생태계 안에 있는 북한 지역의 산림을 복원하는 데에 있어서는 다른 어떤 세계적 조직보다도 신속하고 전문적인 솔루션을 만들어낼 수 있는 경험이 있다.

하지만 한국이 내부적으로 북한 산림 복원을 결정한다 하더라도 실제 사업에 착수하기까지는 상당한 준비작업과 시간이 요구된다. 그것은 북한의 산림훼손 상황이 다른 어떤 지역의 사례보다도 심각하고 고질적인 많은 문제를 안고 있기 때문이다.

북한 산림 복원에 있어 가장 먼저 확보해야 할 것은 정보다. 한국은 사실상 북한의 산림훼손 상태에 대한 정보가 거의 없다고 해도 과언이 아니다. 과거에 비해 북한 내 정보를 확보하는 방법이 다양해지긴 했으나 대략적인 풍문이나 추측에 근거한 정보를 넘어 현장상황을 근거로 한 정확하고 구체적인 정보를 확보하는 데는 아직 많은 어려움이 있다. 또한 과거 북한의 산림 복원 지원의 경험을 비춰볼 때, 최종적인 목적은 같다 해도 실제로 현장에 있는 북한 전문가들의 의견이 우리와는 완전히 달라서 사업이 유야무야 된 경우도 허다하다. 모두가 정보의 부족에서 비롯되는 문제들이다.

북한의 산림은 분단 이후 60년 내내 파괴일로였다. 그 오랜 시간 훼손된 산림이 과연 어느 정도나 황폐화되어 있는 지는 상상조차 하기 두려울 정도다. 가장 염려되는 것은 생태계 파괴다. 나무가 사라지면 동식물도 사라진다. 예를 들어 현재 한반도에서는 이미 오래 전에 호랑이가 사라진 것으로 알려져 있다. 호랑이가 없다는 것만으로도 생태계의 심각성을 알 수 있지만 없어진 지 얼마나 되었느냐에 따라 같은 먹이사슬 내에 있는 다른 동식물들이 얼마나 더 사라졌는지를 알 수 있다. 그런 생태학적 조사가 병행될 때 눈에 보이지 않는 산림의 훼손상태까지도 파악을 할 수 있게 된다. 이러한 종합적 사전 연구도 없이 사업을 시행할 경우, 이제까지의 실패를 반복할 수밖에 없다.

어쩌면 최선의 북한 산림 복원은 '원래의 모습으로 되돌려 놓는' 것이 아닐 수도 있다. 오랜 기간에 걸쳐 완전히 자연 생장의 토대를 잃어버린 토양이라면 이전과는 다른 새로운 생장환경과 수종으로 산림디자인을 해야 할 지도 모른다. 상상이상 규모의 사막화 방지를 위한 사방공사를 해야 한다는 것쯤은 예측할 수 있지만 그게 어느 정도나 될 지도 가늠할 수 없다. 이 모든 것이 모두 북한에서 간간이 들려오는 간헐적인 정보에 의존한 추측일 뿐이다.

산림 복원에 대한 수요와 북한측의 복원역량이 어느 정도인지도 사전에 파악해야 한다. 산림 복원이 물론 시급한 현안이지만 북한의 경제사회적 현실을 고려해서 북한이 수용할 수 있는 범위 내에서 협력을 추진해야 한다. 북한의 산림훼손은 단순히 나무가 없기 때문이 아니라 근본적으로는 만성적인 식량난과 맞물려 있기 때문에 종합적인 식량지원과 경제협력이 함께 진행되어야만 한다.

이 과정에서 북한의 자존심을 건드리지 않도록 세심하게 배려해야 한다. 북한 지도부에 힘을 실어주는 대북지원 정책이 아니면 북한은 주도적으로 하지 않을 것이기 때문이다. 그러므로 북한의 잠재력과 내부 역량을 최대한 활용하도록 지원을 해야 한다.

또 하나의 변수는 관리자와 주민들의 도덕적 해이의 정도다. 이제까지의 대북산림협력 경험으로 미루어보건대 중앙정부의 지시나 의지는 때로 주민들에 의해서 완전히 무시되는 경우도 많다. 일부의 의견에 따르면 거의 무정부 상태에 가까운 지역도 상당수다. 그러므로 북한의 체제와 다양한 변수를 고려하여 북한 정부와의 협력을 기본으로 출발하는 게 중요하다.

산림 복원은 광대하고 복잡하고 장기적인 프로그램이다. 그래서 시작 전에 신뢰할 만한 루트를 통한 정확한 정보 수집과 다양한 각도의 정보 분석, 그리고 충분한 기간의 현장 모니터링이 요구된다. 이 작업은 사업을 위해서도 필수적이지만 향후 북한과의 관계에서 균형을 맞추는 데도 매우 중요하다. 이 데이터가 없는 상태에서는 북한의 일방적인 요구에 맞추어 사업을 진행할 수밖에 없지만 자체적으로 수집한 정보와 현장모니터링 분석 결과가 있다면 북한의 요구를 반영은 하되 현장상황을 객관적으로 보고 최적의 사업을 구상할 수 있기 때문이다.

현장베이스 프로그램 개발과 지속적인 신뢰 쌓기

구체적인 복원 목표를 세운 후에는 남북한 간의 합의사항과 협력원칙을 잘 반영한 프로그램을 개발해야 한다. 이 과정에서 양측의 구체적인 협력 범위를 설정하고 그에 따른 역할 분담을 분명히 해야 한다. 협력의 범위에 따라 프로그램의 진행방식과 규모 그리고 이해당사자가 달라지기 때문이다.

사업의 규모와 범위는 국제환경 협력차원, 아시아 환경 협력차원, 동북아시아 환경 협력차원 그리고 가장 좁게는 한반도 환경문제 해결차원 등으로 분류할 수 있다. 그런데 북한 산림 복원에 관해서는 가능하다면 이미 국제적으로 형성된 북한 산림에 관한 관심을 최대한 활용하는 지혜가 필요하다. 즉 기후변화 대응, 생물다양성 증진, 사막화 방지, 동북아 지역 환경문제 해결 등의 이슈와 연결시킴으로서 국제사회가 공감할 수 있는 산림협력 사업을 개발할 수 있다면, 그들의 세계적인 기술과 풍부한 재정적 지원을 확보할 수 있다.

북한 산림 복원의 협력 모형은 다양하다. 참가자의 범위를 기준으로 보면, 남북한 간 직접 협력을 통해서 추진 가능한 프로그램, 국제사회와 남한이 함께 추진할 수 있는 프로그램, 남한은 제외하고 국제사회의 직접적인 지원이 필요한 프로그램이 있다.

또한 관련 사업도 다양하다. 우선 산림과 직접적으로 관련이 있는 재해방지를 위한 사방사업과 조림사업, 양묘사업이 있고 병해충 방제와 산불관리 그리고 탄소배출과 관련된 산림관리사업 등이 있으며 연계사업으로 식량공급을 위한 농업, 에너지 공급 사업과 지역개발 사업 등이 있다. 또한 국제 환경문제 해결과 연계, 시너지 효과를 기대할 수 있다.

기술지원 사업도 가능하다. 남북한 당사자 간의 직접적인 과학 및 기술 협력이 가능하고 과학자 방문/교환 프로그램, 포럼, 심포지엄 및 워크숍을 통해 신뢰관계를 구축할 수 있다. 이 밖에도 사회적 인식 증진을 위한 홍보와 인프라, 인적자원 개발 및 제도적 역량을 강화하기 위한 프로그램, 관련법과 제도 개발을 구상할 수 있다.

사업 착수에 앞서 현장정보 수집만큼이나 중요한 것이 또 있으니 바로 북한과의 지속적이 신뢰관계 구축이다. 한국은 북한이 신뢰할 만한 세계적인 산림복원 기술을 가진 나라이면서 언어소통이 가능한 유일한 협력 상대다. 물론 정치적 긴장 정도에 따라 차이가 있긴 하지만, 국내외를 막론하고 남북한 전문가들이 만나서 당면한 환경 이슈에 집중하다 보면 상당히 빠른 속도로 서로의 문제에 대해 공감을 하고 소통이 잘 된다는 것은 익히 알려진 사실이다. 더구나 다급한 상황에 있는 북한 당국을 정치적으로 자극하지만 않으면 신뢰관계에 다른 장애물은 없다는 것이 현장에서의 결론이다.

중요한 것은 신뢰를 쌓는 데에는 최소한의 기간이 필요하다는 것이다. 이 문제에 관해서는 독일의 경험을 통해 배울 필요가 있다. 동독의 환경문제를 해결할 때 사실상은 피해자인 서독이 모든 경비를 지불하고 그들의 무리한 요구를 수용하면서 '관계' 를 유지했다. 그래서 성공적인 북한산림 복원을 위해서 한국이 반드시 성공해야 할 첫 사업은 '북한의 신뢰를 얻는 것' 이다.

동시에 북한 역시 믿을 만한 사업파트너가 될 수 있도록 지혜로운 장치를 마련해야 한다. 과거 북한은 종종 산림복원 예산으로 지원된 자금을 체제 유지를 위해 전용하는 불미스런 사례들이 있었다. 이런 일들을 미연에 방지하기 위해 사업의 공동주체인 한국의 기업이나 전문가들이 사업현장에 가서 사업의 진행상황을 직접 확인할 수 있어야 하고, 북한 전문가들은 남북한 간 전문가와 기술자들과의 교류와 공동 작업에 적극 협력하는 분위기를 조성해야 한다.

또한 남북 당사자 간 신뢰관계를 기반으로 북한 산림협력 합의서를 채택하는 것도 좋은 방법이다. 남북합의서에는 산림협력공동위원회 구성과 운영, 출입 체류와 신변안전의 보장, 협력계획의 수립과 추진방법, 재원마련과 재정부담, 그리고 분쟁해결 등의 구체적 내용을 담아야 한다. 그 다음으로는 공동조사 결과를 바탕으로 마스터 플랜을 수립하고 민간, 기업, 정부, 국제기구가 공동 참여하여 복원사업을 추진하는 것이 바람직하다.

정치 이슈에 흔들리지 않는 안정된 거버넌스 구축

북한 산림 복원을 위해 그간의 시행착오를 반복하지 않고 우리의 역량을 극대화하기 위해 가장 필요한 것은 국내적 합의를 도출하기 위한 최상의 거버넌스를 구축하는 것이다. 이는 우리 내부의 이해당사자들 간의 역할 분담과 범정부 차원에서 대북 협력 창구 일원화에서 출발해야 한다. 산림청과 관련 중앙정부부처, 산림분야 및 관련 분야의 전문가 및 자문기구들 간의 역할 분담 역시 명확히 해서 통합적인 지원 협력 체계와 최적의 지원기구를 구성해야 한다.

물론 국제 사회와의 관계도 고려해야 한다. 이미 알고 있는 바와 같이 북한 산림 복원 문제는 단순히 한반도 차원의 문제가 아니다. 국제 환경 문제와 동북아 환경 협력 차원에서 바라볼 수 있는 안목이 있어야 한다.

2013년 민화협정책토론회. 인도적, 비정치적 성격의 북한산림복원사업은 남북협력을 위한 가장 좋은 동력이다.

더불어 북한 산림 복원을 단순히 북한이 당면한 환경문제 해결을 돕는 차원을 넘어 북한이 직면한 총체적인 위기로 바라보는 시각이 필요하다. 한국과 중국, 베트남의 산림복원 경험이 주는 중요한 교훈은 산림 복원이 단순히 나무 심기 차원이 아니라는 것이다. 산림 복원은 국가성장의 핵심요소임을 알게 된 국가 지도자들에 의해 시작된 재해 방지 및 복구, 식량, 농업개발, 에너지 공급, 지역 경제 활성화 등을 포괄한 종합적 국가재건 사업이며 여기에 공감한 국민들의 적극적인 협조로 성공한 역사적 도전이다. 그 도전을 통해 한국과 중국, 그리고 베트남은 이전과는 차원을 달리하는 경제, 사회, 문화적 이익을 얻게 되었다. 북한의 산림 복원도 그러한 총체적 문제 해결의 차원에서 접근해야만 한다.

다행히 박근혜 정부의 대북 기본 원칙 중 하나가 그린 데탕트로, 남북간 신뢰를 바탕으로 하는 환경공동체를 건설하여 통일로 가는 새로운 한반도를 구현하는 것이다. 이는 현실적으로는 환경, 에너지, 농업. 산림. 기후변화 재난분야에 대한 남북간 협력이자 통일 기반 조성을 위한 전략으로 남북 교류의 상징적 시범적 성격을 가진 사업으로서 장차 경제-환경 공동체로 발전할 것으로 기대하고 있다.

그런데 이런 흐름을 막고 있는 가장 큰 장애물은 북한 산림 황폐화 이슈가 여전히 남북관계의 정치적 상황에 절대적인 영향을 받고 있다는 사실이다. 그래서 정치·군사적 이슈와 구분하여 대북지원사업을 추진하는 민간단체나 국제기구들은 사업추진 과정에서 남한의 중앙정부 부처와 갈등을 겪기도 한다. 또한 대북사업을 지속적으로 추진해오고 있는 지방자치단체들의 경우 자치단체장의 정치적 성향, 기대하는 대외 홍보 효과에 따라 대북 지원사업의 활성 정도나 지속성이 결정될 수밖에 없다.

북한 산림 복원 프로젝트는 남북한 간의 정치적 관계가 개선된 이후에 대북지원정책을 추진하는 것보다 남북 간의 긴장완화의 수단이며, 동시에 하나의 한반도를 바라볼 수 있는 공감대를 형성해나가는 통로로써 지금 추진해야 한다. 정부의 전향적인 대북협력정책, 정부의 북한 산림 복원에 대한 인식전환으로 남북한 간의 정치적 갈등상황이 빚어져도 이와 무관하게 일관되게 추진하겠다는 의지가 중요하다.

뿐만 아니라 북한 산림 복원은 한반도의 생태적 통일이며 녹색성장 정책에 근간이라는 인식전환과 함께 국가 차원의 마스터 플랜을 세워야 한다. 이 역시 한국만의 탁상공론식 또는 눈감고 문고리 잡기식으로 추진해서는 과거의 실패 경험을 되풀이할 뿐이다.

남북 간의 관계처럼 북한과 국제사회와의 관계도 한 치 앞을 내다볼 수 없다. 그렇기 때문에 한반도 안정 차원의 시각에서 우리 스스로가 치밀한 준비를 해야 한다. 북한 산림 복원 사업에 참여하는 방식도 북한과 국제기구들이 이미 구축하고 있는 협력체계 내에 수동적으로 참여하는 것보다는 남북한 전문가들로 구성된 협의체를 구성하는 등 적극적이고 직접적인 남북한 간 협력관계를 구축하는 것이 바람직하다. 단, 이 협력관계는 평화적, 환경적 차원이면서도 북한 산림 복원을 외에 다른 전제조건 없는 여건을 기반으로 해야 할 것이다.

예를 들면, 사업추진을 위한 자금을 확보할 때, 국제 금융기구를 통한 대규모 재원을 확보하는 방법뿐만 아니라 북한 산림 및 환경 복원 사업에 관심을 갖고 투자할 수 있는 남한 내 기업들을 위해 다양한 투자 기회를 제공하고, 법·제도적 지원 체계를 마련하는 등의 적극적인 노력이 필요하다. 최근 주목받고 있는 금융제도로 소액 모금을 통해 재원을 마련하는 클라우드 펀딩 cloud funding 방법을 활용하거나, 기업이 다른 나라의 지역사회에 투자하여 일자리 창출 및 소득창출을 통해 지역사회에 기여하고 수익을 창출하는 임팩팅 인베스트먼트 Impacting Investment

등을 활용하는 방법도 고려할 수 있다. 정부는 기업들이 안정적으로 투자할 수 있는 환경을 조성해주고, 모범 사례 창출을 통한 사회적 기회 확대와 분위기 조성을 위한 적극적 노력이 필요하다.

이와 함께 북한당국의 태도 변화를 이끌어내는 노력이 필수적이다. 북한 정부는 순수한 의도의 조림지원이나 사업실행보다는 물자나 금전적 지원에 더 관심이 크다. 북한은 한국으로부터의 지원은 받되 사업의 진

남한의 산림분야 대북지원 거버넌스 유형

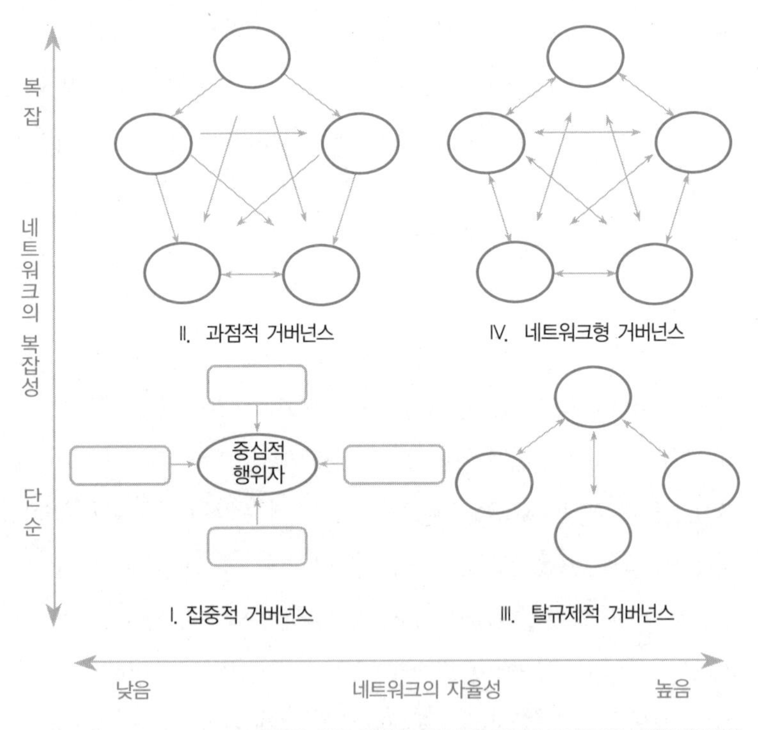

자료출처: 한반도 평화번영 거버넌스의 모형개발 및 발전 방안. 통일연구원 2008

행 상황에 대해서는 전혀 공개를 하지 않아 한국과 국제사회로부터 불신을 받고 있다. 하지만 북한 산림 복원의 경우만큼은 이런 식의 사업시행은 하나 마나다.

갈등 조정을 위한 최상의 거버넌스 모형 개발

또한 장기 프로젝트를 성공적으로 수행하기 위해서는 갈등 관리가 가능한 거버넌스 구축이 반드시 필요하다. 통일연구원에서 2006년부터 2008년까지 남북한 관계의 특수성과 분야(경제협력, 사회문화, 평화교육, 로컬거버넌스)별 남북 교류협력 거버넌스 사례를 분석하여 남북한 교류협력 효율화를 위한 거버넌스 모형을 제시하였다. 이를 바탕으로 분석한 결과 이전의 대북 산림협력 거버넌스는 〈탈 규제적 거버넌스〉의 특징을 보이고 있다.

탈 규제적 거버넌스는 중심적 행위자, 즉 중앙정부의 규제가 완화되어 자원이 분산되는 특성이 있다. 그래서 정부 부담은 감소하고 상대적으로 타 행위자, 즉 지자체와 민간 NGO 역할과 자율성은 증가한다. 탈 규제적 거버넌스의 한계는 비개방적이고 참여도 비활성화되어 네트워크가 단순하고 힘이 약하다는 것이다. 그래서 새로운 행위자의 진입이 어렵고 협력이 원활하지 못하다.

이를 보완하기 위해서는 네트워크를 확충하고 사업을 다각화해야 한다. 또한 다른 사업주체의 참여를 유도하고 재원을 다양화해서 행위자들 사이에 선의의 경쟁을 유도할 필요가 있다. 중앙정부는 가이드라인을 제공하고 사업을 심사하며 후원 등의 네트워크의 공적, 효과적 관리자의 역할을 해야 한다.

하지만 궁극적으로는 탈규제적 거버넌스에서 메타 거버넌스로 발전해야 한다. 메타 거버넌스는 자율적으로 작동하는 거버넌스로 행위자들의

개선된 공기업 중심의 거버넌스 형태 제안

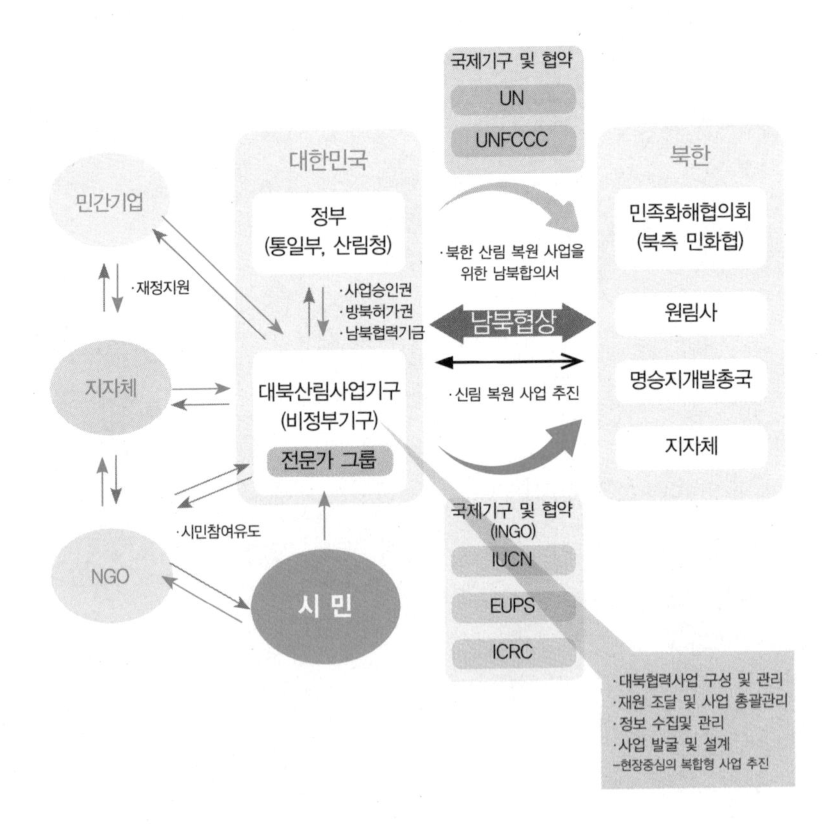

자율성은 강화하되, 거버넌스의 실패를 막기 위한 국가의 전략적 노력과 행위가 뒷받침되는 시스템이다. 즉, 국가가 전체적 관점에서 방향 설정과 역할 조정을 해주며 행위자들 사이의 갈등을 조정 관리함으로서 사업이 바람직한 방향으로 나아가 기대했던 결과를 가져올 수 있도록 하는 것이다.

예를 들면 산림에 대한 전문성을 확보하고 있거나 해외 협력 분야의 전문성이 있는 기관으로 공적인 입장에서 이런 행위자간의 갈등을 조정할 수 있는 공기업이 사업을 주도하는 것이다. 현재로선 녹색사업단과 임업진흥원 등의 국내 산림분야 전문기관과 대외원조기구로 아프리카 중남미와 아시아 지역의 최빈국에서 오랜동안 원조사업을 개발하고 운영해온 KOICA와 같은 ODA 전문기관이 업무조정을 통해 이 분야의 갈등조정자로 연계시키는 등의 방법이 있을 수 있다. 이런 공기업은 중앙정부에 비해 상대적으로 정치적 상황에 대해 자유로울 수 있으며 정부부처 간의 업무 중복과 권력관계에 대해서도 우려할 필요가 없다는 장점이 있다. 이런 공기업이 산림과 ODA사업 분야에서의 전문성을 바탕으로 사업별 자료를 수집하고 이것을 공유함으로서 북한 현실에 대한 정보 부족의 문제를 해결하고 사업 수행의 전문성을 확보할 수 있다.

범국민적 참여 유도와 북한 산림 복원 전문가 양성

막대한 예산과 장기간의 시간이 소요되는 북한 산림 복원은 정부와 몇몇 기관의 의지만으로는 성공을 기대하기 어렵다. 북한 산림 복원이 곧 한국의 발전과 통일을 향한 징검다리이며 더 나아가 기대할 만한 가치가 있음을 국민과 일반 기업, 그리고 청년층에 적극적으로 홍보해야 한다.

북한 산림의 복원은 기존의 다른 대북지원과는 다르게 사업의 이익과 혜택이 북한지역에만 한정되지 않고 한반도 전체, 즉 한국에도 돌아온다는 사실을 적극적으로 홍보할 필요가 있다. 북한의 산림 복구를 위한 노력으로 탄소배출권 확보와 생물다양성 증진을 통한 경제적 이익, 기후변화 대응을 통한 재난 예방, 북한 주민들의 대규모 남한 이주 문제 해결을 통한 통일 후 사회 안정화 등 우리에게 어떤 사회·경제·환경적 이익을 가져오는가에 대한 국민적 이해가 필요하다.

그러나 통일을 대비하여 장기간의 시간이 소요되는 이 사업이 이전과 같이 또 다시 정치적인 문제로 중단되지 않도록 역량있는 국제사회의 이해당사자들(UN기구, 다자간 기구, 양자간 기구, 국제금융기구, 국제 NGO 등)과의 협력체계를 구축해야만 한다. 동시에 국내적으로도 정권 교체에 따른 영향을 최소화하기 위해 '(가칭)북한 산림 복원 사업추진을 위한 특별법' 을 제정하여 지속적인 사업 추진을 위한 법적 근거를 마련하고, 정부, 민간(진보, 보수 포함), 전문가 등 다양한 이해당사자가 참여하는 〈북한 산림 복원 사업 추진협력단〉을 설립하고 운영하는 것이 안전하다.

물론 북한 산림 복원은 기본적으로는 산림이슈이지만 정치적, 외교적 안보 문제와도 연관되어 있음을 부인할 수 없다. 따라서 담당부처인 산림청을 비롯, 산림분야 전문가들이 안전하게 사업에 실제적으로 참여할 수 있는 시스템을 구축해야 한다. 이를 위해서 한국은 지금부터 산림 전문가들로 구성된 〈북한 산림 복원 준비위원회〉를 구성하여 전문가를 육성해나갈 필요가 있다.

특히 식량과 에너지 분야 사업 추진을 위해 중앙정부 부처 간 협력이 어려운 국내 여건을 고려하여 초기에는 해외의 식량, 에너지 지원 사업 추진 조직들과 협력하여 패키지 사업을 추진하는 것도 방법이다. 북한에 시범 지역을 정하고 소규모 시범사업을 추진해서 전문가들로 하여금 현장에서 사업 추진 과정에서 일어날 수 있는 다양한 가능성과 상황을 미리 점검할 수 있는 기회를 제공하는 것이다. 이러한 노력을 통해서 사업의 가능성 검토 및 성공사례를 만들고 동시에 북한의 사업 추진의지를 높여나간다면 대규모의 사업을 시작했을 때 성공가능성을 한층 높일 수 있다.

민간부분의 경우 초기 대북 산림협력 사업 추진 과정에서 사업 재원 및 사업대상지 확보를 위해 남한 조직들 간에 경쟁 발생, 무분별한 사업 추진과 실패 등의 문제가 발생하였다. 이러한 문제를 해결하고 효과적인 북한 산림 복원을 위해 민간단체를 중심으로 협의체(겨레의 숲)가 구성되었으나 소수의 핵심 조직들을 중심으로 분절화된 협력 체계가 구축되었으며, 조직간 정보공유도 제대로 되지 않고 있는 상황이다.

게다가 최근 남북한 간의 정치적 갈등과 남북관계 경색으로 인해 남한 민간단체 주도의 대북산림 협력 사업은 거의 중단된 상태이다. 정부는 메타 거버넌스로서 경색된 남북 관계를 회복하고, 국가적 관점에서 북한 산림복원을 위한 정책적 방향 설정, 이해당사자들 간의 역할 조정을 통해 행위자들 사이의 갈등을 관리하는 위한 노력이 필요하다.

이를 위해 북한 산림 복원사업 추진 경험이 있는 지방자치단체와 시민사회단체 그리고 기업의 경험 성과를 정확히 파악하고, 향후 사업 추진에 필요한 재원 확보 방안과 투명한 재정 지원 체계, 효과적인 사업 추진을 위한 통합적 사업 관리 체계, 일원화된 대북 협상 채널 구축을 위해 노력해야 한다. 무엇보다 이해당사자들간의 신뢰관계 구축을 위해 다양한 의견을 수렴하고, 비전을 공유하며 협력해 갈수 있는 의사소통 체계 구축이 중요하다.

2 북한 산림 복원을 위한 가상 마스터플랜

북한 산림 복원의 최선책, 산림경관복원

북한의 황폐화된 산림을 복원하기 위해서는 가장 먼저 훼손되기 이전 산림의 상태는 어떠했는가를 알아야 한다. 원래 복원대상지에서 잘 자라던 수종은 무엇이었고 같은 수종을 재조림하는 것이 가능한가를 살펴야 한다. 동시에 선택된 수종이 현재 시점에서 생태자원적으로 경관적으로 또 대주민 서비스차원에서 최선의 선택인가도 고려해야 할 것이다.

물론 그 지역의 토양 상태와 물길의 형태도 중요하다. 황폐화의 상태에 따라 어떤 규모로 어떤 성격의 사방공사를 해야 하는 가도 치밀하게 조사하고 계획을 세워야 한다. 이처럼 사업 계획을 세우기 전에 정확한 정보와 분석이 필수적이다. 지역별로 훼손의 상태와 형태, 그리고 정도가 다르기 때문에 복합적이고도 장기적인 심층 조사와 분석이 반드시 선행되어야 한다.

또한 산림 복원과 관련하여 지역사회의 요구는 무엇이고 가까운 미래에 지역은 어떻게 변할까도 고려해야 할 것이다. 지금 당장 주민들이 요구하지는 않더라도 소득이 높아지면서 요구하게 될 미래의 핵심 수요는 무엇인가도 중요하다.

그런데 많은 사람들이 '산림보존' 이란 이슈에 갈등을 경험한다. 자연상태 그대로의 산림을 훼손하지 않고 인간의 간섭으로부터 보호한다는 개념을 포함하고 때문이다. 그런데 사람과 자연이 갈등의 관계가 아닌 균형과 공존의 관계로 연결시킬 수 있는 모형이 있다. 그것이 바로 산림경관복원이다. 산림경관복원과 그 방법론은 이미 아프리카를 비롯한 많은 지역에 성공적으로 적용되어왔다.

산림경관복원 Forest Landscape Restoration(FLR)의 특징은 첫 번째로 특정한 지역만이 아닌 산림의 경관 단위(landscape)에서 산림복원 계획을 설계하고, 그 안에 포함되어 있는 인간의 안전하고 쾌적한 활동 역시 보장하는 개념이다. 여기서 경관이란 우리가 흔히 쓰는 풍경 즉, 눈에 보이는 경치만을 말하는 것이 아니다. 산림과 인간의 상호관계 속에서 생태적, 시각적, 문화적 가치가 복합적으로 어우러져 형성된 결과물이다. 다른 말로 하면 생태적 복원 뿐 아니라 사회 경제적 차원의 접근 및 복원을 포함하는 개념으로서 자연적 요소와 인간의 활동 작용이 종합된 지역적 특성의 결정체라고 할 수있다.

예를 들면 해당 지역의 생태적, 사회적, 문화적, 정치적 맥락에 따라 유동적으로 적용할 수 있다. 강 주변의 토지는 논으로 활용하고, 산 주변의 지역은 초지로 둔다. 한 쪽 산에서는 임산물을 채취하지만 다른 지역의 황폐화된 산은 나무를 심어 조림한다. 또한 천연림이 있다면 훼손시키지 않고 원형을 보존하는 '보호지역'으로 분류하는 식이다.

두 번째로 이해 당사자들의 참여가 필수적이다. 산림경관복원에서는 토지마다 가진 다양한 기능과 특성을 경관차원에서 종합적으로 검토하고 복원계획을 수립하는 것을 중요시한다. 자연적 특성뿐만 아니라 인간의 복지를 중요하게 여기기 때문에 해당 지역과 관련된 다양한 이해당사자(지역주민, 정부 등) 들의 의견이 충분히 반영되어야만 성공적인 산림경관복원이 가능하다.

세 번째는 생물다양성과 생태계의 기능이 지속적으로 유지되며 외부교란, 즉 인적, 산업적인 다양한 외부의 방해에도 불구하고 스스로 회복력을 가질 수 있도록 동식물의 먹이 사슬을 비롯한 통합적 생태계 전체를 복원하는 것을 목표로 한다. 현장 단위(site-level)에서의 의사결정 또한 같은 맥락에서 이루어진다.

이렇게 산림경관복원은 궁극적으로 산림복원을 통하여 생태적 완전성을 추구하고, 인간의 복지(well-being)를 반영하는 개념이다. 자연의 회복력을 강화시키고 미래 세대에게 기회를 보장하는 장기적인 복원 개념으로 본다면 북한 산림복원도 산림경관복원으로 나가는 것이 바람직하다.

성공적인 산림경관복원이 이루어지면 조절서비스, 제공서비스, 지원서비스의 세 가지 기능이 가능해진다. 산림의 전통적인 기능이라 할 수 있는 조절 서비스는 치수, 침식 방지 그리고 재난 경감 등을 말하며 제공서비스는 식량과 연료의 공급과 다양한 식용식물들을 통한 섬유질 공급, 그리고 생태계와 종의 회복으로 인한 유전자원 공급이 가능해진다. 마지막으로 영양소의 순환과 토양의 재생, 그리고 1차 생산력 등의 지원서비스를 수행할 수 있게 된다.

산림경관복원의 방법 및 절차는 다음과 같은 세 가지로 분류해서 생각해볼 수 있다.

산림경관복원의 방법 및 절차

<table>
<tr><th></th><th>물리화학적</th><th>생물학적 복원</th><th>사회경제적 복원</th></tr>
<tr><td>경제적 편익</td><td></td><td colspan="2">목재
에너지(연료)
비목재임산물(식량, 약재 등)
탄소배출권</td></tr>
<tr><td rowspan="4">생태계 서비스</td><td colspan="2">수해, 산사태 등 재난 방지</td><td></td></tr>
<tr><td colspan="3">기후변화 저감 및 적응</td></tr>
<tr><td></td><td colspan="2">생물다양성 증진 및 유지</td></tr>
<tr><td colspan="2">사막화 방지</td><td>휴양/생태관광</td></tr>
</table>

그런데 산림경관복원은 자연 생태계 뿐만 아니라 그 속에서 더불어 살아가는 인간의 활동들을 포함하기 때문에 시간의 흐름에 따라 세심

한 수정보완이 필요하다. 따라서 산림경관을 복원하기 위해서는 복잡한 생태계 및 다양한 토지이용에 대한 이해가 필요하다. 대상 지역도 수십 헥타 규모에서 국가차원까지 이르는 대규모이고 장기적인 계획을 세워야 한다는 점에서 불확실성도 높다.

이렇게 끊임없이 변화하고 다양한 요소들이 얽혀있는 복잡한 시스템을 관리하기 위해 최근 연구된 방법이 있는데 바로 적응적 관리방법 Adaptive Management이다. 이는 1978년에 생물학자와 시스템 전문가 팀에 의해 탄생한 개념으로 인간이 지배적인 역할을 하고 있는 복잡한 생태계에 대한 다양한 접근 방법을 말한다.

적응적 관리는 4가지의 핵심 요소로 구성되어 있다. 첫 번째 요소는 사회 및 생물물리학적 맥락을 이해하는 것이다. 핵심 이해당사자를 확인하고 정치맥락을 이해하며 생물물리학적 관리 맥락 등에 대해서 이해하는 것이다. 두 번째 요소는 목표 지역 설정이다. 성공적인 산림경관 복원을 위한 지표를 설정하고 각각의 목표달성을 위해 필요한 주요 지역을 선정한다.

세 번째 요소는 액션러닝(Action Learning)이다. 액션러닝이란 공통의 이슈를 가진 집단이 함께 관리계획을 시행하는 과정을 평가하고 계획을 보완해나가며 학습하는 과정이다. 마지막 요소는 평가다. 이해당사자들을 중심으로 한 사회경제적 영향 및 경관생태계에 끼친 영향을 평가하는 것이다.

결국 적응적 관리의 목표는 끊임없이 변하는 경관관리의 불확실성을 줄여나가는 것이다. 활발한 모니터링과 피드백을 실시하며 경험과 학습에 근거한 의사결정과정을 반복함으로서 지속적인 관리가 가능하도록 하는 시스템이다.

사방공사와 수종 선택의 기준

복원 계획을 세울 때 최우선적으로 고려할 사항은 현재 계단식으로 개간된 산지 중에 경사가 급한 지점에 대해 우선적으로 사방사업과 더불어 적합한 수종의 조림을 실시해야 한다는 것이다.

두 번째는 북한 주민들이 겪는 심각한 에너지난을 해결할 수 있도록 도와야 한다. 농촌 산촌 및 도시지역의 연료를 나무가 아닌 다른 것으로 교체하도록 해야 한다. 또한 그 과도기 단계에서는 연료림 비중을 높여서 복원을 위해 식목된 산림을 훼손하지 않도록 유도해야 한다.

또한 과거 70년대 우리의 산림녹화 때와는 크게 달라진 북한의 자연환경을 충분히 고려해야 한다. 이를 위해서는 다양한 산림탄소배출권 개념을 도입해서 추가적인 경제성 확보 및 추진 동력을 확보해 나가야 한다.

실행단계에서 가장 먼저 할 일은 황무지가 된 지역의 조림을 위한 수종을 선정하고 임목종자 확보와 양묘 계획을 세우는 것이다. 이때에 선진화된 한국의 양묘기술(clone 임업, 조직배양, 용기묘, 현대식 양묘시설 등)을 북한 실정에 맞게 잘 적용해서 시행착오를 최소화해야 한다.

또한 시기적으로 보면 북한 산림 복원은 대상지 실태조사(임황 및 지황), 사방사업 수종선정, 임목종자 확보, 양묘, 조림 및 육림 등 모든 사업이 체계적으로 추진되어야 성공할 수 있는 사업이므로 통일 이후로 미루기보다는 남북한 당국간 협력을 통하여 지금부터 시작해야 한다.

이러한 사전준비는 시행착오를 줄일 수 있을 뿐만 아니라 복원비용을 최소화하여 통일비용을 절감할 수 있다. 통일 후에는 한정된 통일 비용을 배분할 때 북한 주민의 의식주 해결이 최우선 대상이 될 것이기 때문에 산림 복원은 뒤로 밀릴 가능성이 높다. 이 때문에 지금 통일 이전에 시작해야만 한다.

무너진 북한 농업을 첨단 6차 산업으로

미국의 조경의 패러다임을 바꾼 스코틀랜드 출신의 조경학자 이안 맥하그Ian McHarg의 'Design With Nature' 라는 구호는 남북한의 미래를 바라보면서 우리가 한번은 숙고할 만한 말이다. 재미 중견 건축 디자이너 이정준씨, 남북한 백두대간 1600km을 종주한 뉴질랜드인 로저 쉐퍼드Roger Sheppard씨, 일본 에코로지협회 회장 다카야마씨, 이들의 공통점은 북한의 생태관광 가능성에 흥분하고 있다는 점이다.

한국이 장기적으로 먹고 살 길은 북한에 있다. 북한에 생태관광을 해라. 개마고원에 에코리조트를 지어라.

즉, 북한 산림을 우리 수준으로 복원하는 게 아니라 우리보다 훨씬 뛰어난 선진산림으로 디자인하라는 것이다. 심각하게 황폐화 되어버린 북한의 농지가 회복하는 데에는 상당한 시간이 필요하다. 일단 농업에 적합한 토양이 자연적으로 형성되는 데 적어도 100년 이상이 걸린다. 그렇다고 해서 농업을 포기하자는 의미는 아니다. 척박한 땅에서 농업을 하려는 게 승산이 없다는 것이다.

지금 선진국의 농업을 흔히 '6차 산업' 이라고 분류한다. 유전자 공학을 비롯한 첨단 과학과 만난 농업은 갈수록 황폐화 되어가는 땅과 언제 비를 내릴지 모르는 불확실한 기후에 의존하지 않는다. 쉬운 예로 네덜란드의 화훼단지는 거대한 건물 내부에 조성되어 있다. 도시에서는 빌딩 옥상에 인공적인 생장 환경을 조성해서 만든 무농약 텃밭조성과 옥상녹화가 유행이다. 그 텃밭에서 키운 야채들은 곧장 식탁으로 간다.

만일 고층 빌딩 전체가 식물과 식량을 재배하는 농장이 된다면 어떨까. 지금 북한의 상황은 땅을 기반으로 농업을 일으키는 것보다 건물을 짓는 게 훨씬 더 경제적이다. 그렇다면 농업이 고층빌딩 안으로 들어가는 것도 방법이다. 그렇다면 굳이 땅이 없어도 얼마든지 원하는 규모의 경작지를 확보할 수 있다. 그렇게 북한의 농업과 식량문제를 해결하는 동시에 황폐화된 산림을 복원하는 것이다.

이렇게 70년대 한국에서는 시도할 수 없었던 첨단 산림 컨텐츠를 북한에 심는 것이다. 상대적으로 우리보다 잘 보전된 백두대간의 예만 보아도 북한의 산림 가치는 무궁하다. 한반도가 통일국가였다면 세계적인 산림대국이 될 수도 있었다. 산림대국의 목표를 이루기 위해 전통적인 산림 복원 방식을 적용하면 최소 수십 년 이상의 시간이 걸린다. 하지만, 그보다는 지금 북한의 상황을 고려해 미래지향적으로 새로운 형태의 산림 컨텐츠를 적용해보는 것이다.

홍수 피해를 줄이는 가장 효과적인 방법은 산림 경사 지역에 나무를 심는 생물학적 처방이다. 나무를 심으면 자연스럽게 땅속으로 수로가 생성되기 때문이다. 이러한 배수 관리 조치는 토양 침식을 막을 뿐 아니라 산에 더 많은 물을 저장하는 데 꼭 필요한 방법이다. 북한의 경우, 더 이상의 토지 유실은 정말 위험한 사태를 초래할 수 있다.

더불어 토양 침식이 심각한 곳은 일시적으로 토지 이용을 제한해야 하며 홍수피해가 심한 곳은 우선적으로 조림을 해야 한다. 조림을 할 때는 특히 산불과 해충 위협의 가능성을 줄이기 위해 침엽수와 활엽수림을 혼합해야 한다. 그리고 국제적으로 공인된 기술인 혼농임업으로 주민들을 사업에 참여시킴과 동시에 생활을 안정시켜야 한다. 무엇보다 국제적 경험에 근거해서 지속 가능한 산림 관리의 원칙을 성실하게 이행해야 한다.

이러한 조치들은 시골 지역 주민들의 빈곤을 줄이고 삶을 개선시키는 노력의 일환이다. 국제 사회와 협력하면 이와 관련 프로젝트 개발, 재정적 기여, 그리고 다양한 사태에 대한 국가의 조정 능력 개선 등 필요한 도움을 받을 수 있다.

진정한 산림 복원은 생태와 인간의 조화

황폐화된 산림을 복원할 때 기본적으로 고려해야 하는 세 가지가 있다. 생물물리학적 요소, 사회경제학적 요소, 그리고 조림학적 요소다. 북한이 오랜 노력에도 불구하고 산림복원에 실패한 것도 바로 이런 통합적인 연구와 고민 없이 단순히 조림학적인 요소, 즉 '나무 심기' 만을 생각했기 때문에 쉽게 '산지 개간' 을 반복하며 황폐화를 가속화시켰던 것이다.

다급해서 나무만 베어 쓴 것은 상황에 따라 어쩔 수 없는 일이지만, 그 나무를 다시 되살리기 위해서는 '나무와 함께 생물과 인간의 삶의 터전이 동시에 사라졌다' 는 사실을 인식하고 조림학적인 측면 뿐 아니라 생물물리학적, 사회경제학적인 요소를 모두를 함께 고려해서 접근해야만 산림을 제대로 복원할 수 있다. 이 세 가지를 동시에 생각하면 어떤 지역을 우선적으로 복원할 지, 어떤 수종으로 어떤 기술을 통해 복원할 지가 결정된다.

먼저 생물물리학적 요소는 10가지로 정리할 수 있는데, 천연림의 면적, 이차림의 면적과 질, 농지의 생산성, 황폐지의 면적, 환경적 우선지역, 재조림 불가능지역, 생물학적으로 중요도가 높은 지역, 현장접근성, 그리고 계절적 변동이다.

이들 요소는 복원 우선지역과 복원이 쉬운 지역, 복원 방법 결정, 복원된 자원의 배분 결정 등에 영향을 끼친다. 예를 들어 남아있는 천연림 면적이 작고 희귀종의 서식지가 존재하는 지역, 접근하기 쉬운 지역 등은 우선적으로 복원할 대상으로 선정된다.

산림복원을 할 때 고려해야 할 사회경제적 요소는 지역의 농지가 충분한 생산능력이 있는지의 여부를 비롯해 토지소유권과 토지이용 패턴의 현황은 어떠한 지, 전통적으로 지역주민들이 임산물에 얼마나 의존하고 있는지 생태계서비스 시장에 대해 지역 이해당사자들이 얼마나 알고 있는지, 이미 존재하는 인공조림지의 현황이 어떤지, 수익은 언제 얻을 수 있는지, 사업의 위험성은 얼마나 높은지, 재정적 지원은 얼마나 받을 수 있는지, 지역주민들이 협조적인지 등이다. 이들 요소를 바탕으로 주민들에게 사회경제적 이득을 가장 빠른 시일 내에 제공할 수 있는 복원 방안을 결정한다.

마지막으로 조림의 측면에서 본 생물학적 요소들이 있는데 이는 수관 피복도, 토양의 비옥도, 산불의 발생 특성, 종자 확산 매개체, 잡초, 병해충과 유해동물 등이다. 먼저 수관의 피복도는 나무에서 가지와 잎이 무성한 부분을 일컫는 수관이 지표면을 덮고 있는 정도를 의미한다. 숲이 울창할수록 수관 피복도는 높아진다. 또 토양의 비옥도는 토양이 양분을 함유하고 있는 정도이고, 산불의 발생 특성은 일정 지역에서 장기간에 걸쳐 산불이 일어나는 패턴을 의미한다. 종자 확산 매개체는 식물의 씨앗을 퍼뜨리는 자연물이나 동물을 일컫는데, 가령 가벼운 씨앗을 멀리 퍼뜨릴 수 있는 바람이나 빗물, 식물 열매를 먹고 씨앗을 배설하여 퍼뜨리는 새를 포함한 야생동물들이 해당한다. 이러한 생태적 요소들은 구체적인 조림 기술을 결정하는 요소로, 예를 들면 비옥하지 않은 토양에서는 일반적으로 식물들이 초기에 자리를 잡기 어렵기 때문에 척박한 땅에서 살 수 있는 식물을 심고 비료를 활용하게 되는 것이다.

옆의 표에 예시된 복원 프로그램은 북한의 수용성과 수요를 반영하기 위해 필요한 사업들을 모은 가상 마스터플랜이다. 일차적으로는 북한이 유엔사막화방지협약, 유엔기후변화협약, 그리고 유엔생물다양성협약에 제출한 국가보고서와 관련 사업들을 모았고, 추가적으로 국제환경기구에 의해서 추진되었거나 현재 추진되고 있는 북한 지원 환경프로그램 현황을 분석하고 현재 한국에서 계획한 대북지원 프로그램을 종합한 것이다. 이것은 사실상 국내에서는 처음 시도된 의미있는 제안이라 할 수 있다.

복원 비용 조달과 상황별 시나리오의 확보

북한산림 복원을 위해 넘어야 할 가장 높은 산이 예산확보다. 정부에서 추정한 소요 예산은 약 32조원이다.[16] 그런데 한국 혼자 이 막대한 비용을 부담하는 것은 불가능하다.

한국과 북한 그리고 국제사회가 추진할 수 있는 지원

지원내용	예시
법/제도적 역량강화	·법적 체계 구축 ·국가계획 시행에 대한 제언 ·행동계획 마련 ·관리모델·체계·시스템 개발 ·의사결정 지원체계 개발
물자지원	·묘목, 종자, 기자재, 조림장비, 산림관리장비, 병해충 방제약제 및 장비, 병해충 피해회복 및 확산방지 위한 약제 및 기자재, 숲 가꾸기 산물의 연료제공
기술지원 및 자문	·경사지복원기술, 연료림조림기술, 조림녹화관리기술, 양묘기술, 습지복구기술, 서식지다양화기술, 지속가능한 산림관리 기술, 목재생산 효율향상기술(벌채종), 병해충 관리기술, 약용식물 재배기술, 임산물소득 생산기술 등 지원 ·산림실태 공동조사, 공동예찰, 천연림 공동학술조사, 산불공동대책기구 설립 등 남북 공동 활동
인적역량 강화	·교육자, 기술자, 관리자 양성(세미나, 워크숍, 교환프로그램, 학위과정 개설, 유학, 해외연수, 현장견학, 공동연구조사 등) ·지역공동체 및 국민의식 제고(캠페인, 나무심기 운동, 워크숍) ·개념교육, 주요기법교육 ·산림교류협력센터 설립
기반시설 건설	·산림교류협력센터 설립 ·산림 감시 인프라 구축, 산림관리정보센터 설립 ·양묘장 조성 및 복구·현대화 ·연구센터 설립:종자관리, 조직배양연구, 사방/산사태연구, 토지관리기술, 산림유전자보존, 재해방제연구 ·생태관측소 설치

재원확보를 위해서는 다양한 대안의 검토가 절실하다. 우선 고려되어야 될 대안으로 세계은행 (WB)과 아시아개발은행(ADB) 등의 국제금융기구를 들 수 있다. 북한이 국제금융기구의 지원을 본격적으로 받기 위해서는 금융기구 가입이 필요한데, 아직 북한은 회원국가가 아니다. 가

입승인의 열쇠는 미국과 일본이 쥐고 있다. 세계 1, 2위 돈줄인 그들의 동의가 있어야 가입이 가능하기 때문이다. 북한이 두 국가의 신뢰를 확보하지 못한다면 넘기 쉽지 않은 장애요소이다.

두번째 대안은 탄소배출권이다. 국제사회가 정한 방식에 따라 북한에 조림 후 탄소배출권을 확보하고 이를 현금화하는 방안이다. 유엔은 1990년 이전에 산림이 훼손된 지역에 대해서는, 재조림에 따른 탄소흡수량을 계산해 배출권을 부여하고 있다. 유럽 미국을 비롯한 일부 지역에서 시행되고 있는 REDD +는 주로 현재 진행 중인 산림벌채와 훼손을 중지할 때 확보할 수 있는 탄소흡수량을 계산하는 방법이다.

그러나, 유엔 혹은 구미에서 시행되고 있는 산림탄소배출권의 개념은 북한에 직접 적용이 어렵다. 북한의 심각한 산림훼손이 1990년에 시작되어 2010년에 거의 끝났기 때문이다. 현재의 산림훼손지역은 1990년 이전에는 거의 숲이었고, 또 이제까지의 산림훼손도 국가의 의지에 의해 자발적으로 중지되었기 때문이다. 그래서, 창의적인 발상이 필요하다.

우리나라는 선진국 중에서 거의 유일하게 전 국토의 산림에서 나오는 탄소의 양보다 흡수되는 양이 월등히 많다. 우리 숲의 평균 나이는 50여년으로 지금도 왕성하게 성장하면서 탄소를 흡수하기 때문이다. 최근 정부의 추산에 의하면 연간 최대 5000만톤의 탄소를 흡수하고 있는데 현재 우리나라의 총 탄소배출량이 약 6억톤이므로, 최대 8%의 배출량은 우리 자체의 숲으로 상쇄하고 있다는 의미다.

북한의 산림복원을 위한 우리 정부의 절실함을 국제 사회에 인식시키고, 재원확보를 위해 우리 숲이 흡수하는 탄소량을 배출권으로 인정받고 이를 북한 산림 복원의 재원으로 사용하는 방법에 합의를 하면 된다. 우리에게는 재원확보의 씨앗돈 확보라는 실리가 되고 국제사회에는 환경보호라는 명분을 주는 일거양득의 대안이 될 것이다.

또 다른 가능성은 몇 년 내에 인천에 들어설 녹색 기후 자금Green Climate Fund(GCF)의 지원을 받는 것이다. GCF는 연간 약 1천억 달러의 기금을 조성해서 각 나라의 기후변화 문제 해결을 지원할 계획을 갖고 있다. 다행히 북한 산림 복원은 기후변화 문제와 직결된 이슈이기 때문에 협력 가능성이 높다.

마지막으로 반드시 준비해야 할 히든카드가 있다. 남북한 사이에는 정치적 긴장이라는 그림자가 늘 따라 다닌다. 그중에서도 가장 큰 영향력을 미치는 것이 북한의 상황변화다. 따라서 변화무쌍한 북한의 상황에 따라 단계별로 실행 가능한 사업 내용과 범위, 재원 규모와 확보 방법을 포함한 상황별 시나리오를 마련해야 한다.

제 I상황은 남북한 관계 악화 상황이다. 남북한 간 정치사회적 갈등이 고조되어서 관계가 악화되고 남북한 교류 및 지원이 중단되는 사태이다. 북한 핵문제 해결이 부진할 때 발생하며 북한이 체제유지를 강경하게 고수하고 국제 사회에서는 북한을 취약 국가 및 위기지속 국가로 분류하여 국제 원조가 끊기고 북한도 원조에 비협조적으로 구는 상황이다.

남북관계 및 북한의 개발협력 수용을 고려한 대북 시나리오

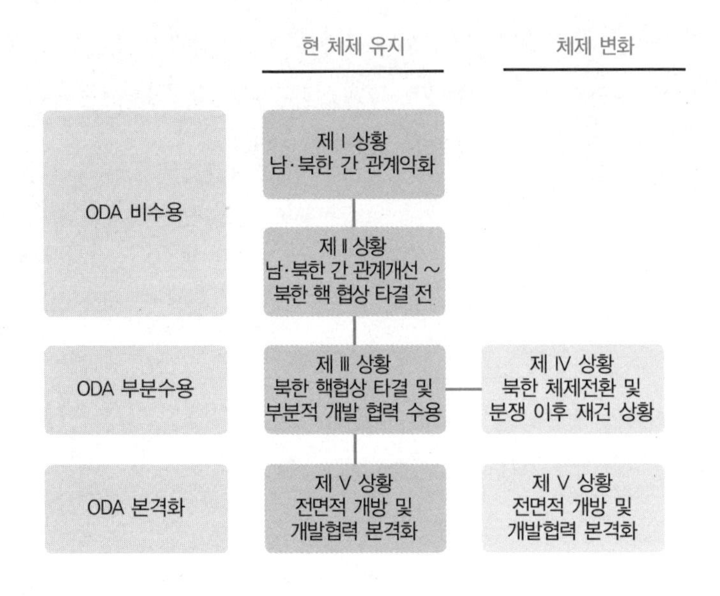

제 Ⅱ상황은 북한 핵협상이 타결의 기미가 있고 남북한 관계가 개선되는 때를 가리킨다. 관계가 정상화 되어 대북지원과 교류가 다시 시작되고 북한 역시 핵 문제 해결을 위한 노력을 보이는 상황이다. 그러나 아직까지는 북한이 ODA를 수용하지 않고 국제사회도 지원하지 않고 있는 상황이다.

제 Ⅲ상황은 북한 핵협상이 타결되고 북한이 부분적 개발협력을 수용하는 단계다. 아직까지 북한의 체제는 유지되고 있지만 남북회담이 재개되어 포괄적인 남북교류 확대 및 대북지원이 확대되는 시기다. 이 단계에서는 북한 내부적으로도 개혁이 가속화되고 개방이 확대될 것이다. 북한의 핵 문제가 해결되었기 때문에 국제 사회에서 북한에 대한 개발 원조를 시작할 것이며 북한은 국제 금융기구 가입준비를 할 것이다.

제 Ⅳ상황은 북한 체제전환 및 분쟁 이후 재건상황이다. 북한에서 권력 투쟁이 일어나고 내부 분열이 심각해져서 긴급 사태가 발생할 수 있다. 북한 체제가 변환되기 시작하면 한국은 분쟁 후 재건을 지원해야 한다.

제 Ⅴ상황은 전면적 개방 및 개발협력 본격화 단계다. 북한의 전면적 개방과 체제변화로 인한 분쟁과 재건 상황으로 국제 개발 협력이 본격화될 수 있으며 국제금융기구 가입을 할 단계이다.

세계의 관심을 북한으로! 글로벌 프로젝트로 만들어라

DMZ은 전 세계가 주목하고 있는 생태 및 자연 보호 지역이다. 2005년 CNN의 설립자인 테드 터너 Ted Turner가 한국을 방문했을 때 그는 DMZ에 큰 관심을 보였다. 그는 자기 이름을 딴 〈터너재단〉을 설립해 환경 보전에 많은 돈을 기부하는 사람으로 알려져 있다. 북한의 산림학자들과 함께 한 약속, DMZ의 유네스코 세계자연유산 지정을 이루기 위해 도움을 청한 곳 중의 하나가 〈터너 재단〉이었다. 당시 미국 국립공원청장 출신의 마이클 핀리 Michael Finley 재단 이사장은 흔쾌히 협조를 약속했다.

앞서 소개한 국제두루미재단의 홀 힐리 이사장도 DMZ 열성팬이다. 씨아이Conservation International(CI)의 러스 미터마이어 Russ Mittermier 대표 역시 DMZ에 반한 사람이다. 환경보전 분야에 막강한 영향력을 갖고 있는 그는 DMZ 논의에 본인을 꼭 참가시켜달라고 부탁하곤 했다. DMZ에 관한 특별한 관심을 가진 사람중에 로마클럽 Club of Rome의 회장이면서 IUCN의 총재인 아쇼크 코슬라씨도 빼놓을 수 없다. 물리학 박사이면서 하버드 대 교수를 역임했던 그는 DMZ 보존에 도움이 된다면 언제든 모든 일정을 취소하고 한국으로 달려오겠다고 말하곤 한다.

DMZ 세계자연유산 지정의 관건은 북한의 의지다. 만약 북한의 최고 지도부의 허가만 있다면 2년 내에 대상지 선정과 과학적 조사를 완료하고 1년간 관리 보전 정책의 수립을 위한 추가 연구를 진행한 뒤 빠르면 4년 차에 종합 보고서를 완성해 유네스코에 보낼 수 있다.

DMZ와 십자로 교차된 백두대간이 전국을 동서남북으로 연결하면 날짐승은 물론이고 산짐승들도 우리 국토 어디든 이동할 수 있다. 이 지역을 보호지역으로 지정하고 전문기관을 두어 생물 다양성 증진을 위한 꾸준한 관리를 시행한다면 놀라운 일이 벌어질 것이다. 호랑이가 되살아나고 곰이 겨울잠을 자는 우리 본래의 땅으로 거듭날 수 있다. 건강한 생태계가 회복되면 이를 바탕으로 다양한 생태관광 프로그램을 만들 수 있다.

세계의 모든 국가들의 자국의 자연을 세계자연유산에 등재하고자 혈

안이 되어 있다. 때문에 세계자연유산 등재를 둘러싸고 종종 치열한 경쟁이 벌어지곤 한다. 하지만, 어느 누구도 DMZ의 세계자연유산 등재를 부정하지 않는다. DMZ는 남북 평화의 가교이자, 60년간 보전된 생태계의 보고로서 세계인들의 주목을 받는 생태관광자원으로 거듭날 것이다. 그런데 DMZ 못지않게 세계적인 이목이 집중된 곳이 북한 산림이다. 그러므로 남북한 간 직접 협력만으로는 부족한 재원과 기술, 전문 인력을 확보하기 위해 국제사회와 긴밀한 협력관계를 유지할 필요가 있다.

통합적 대북 지원 협력체계 구축

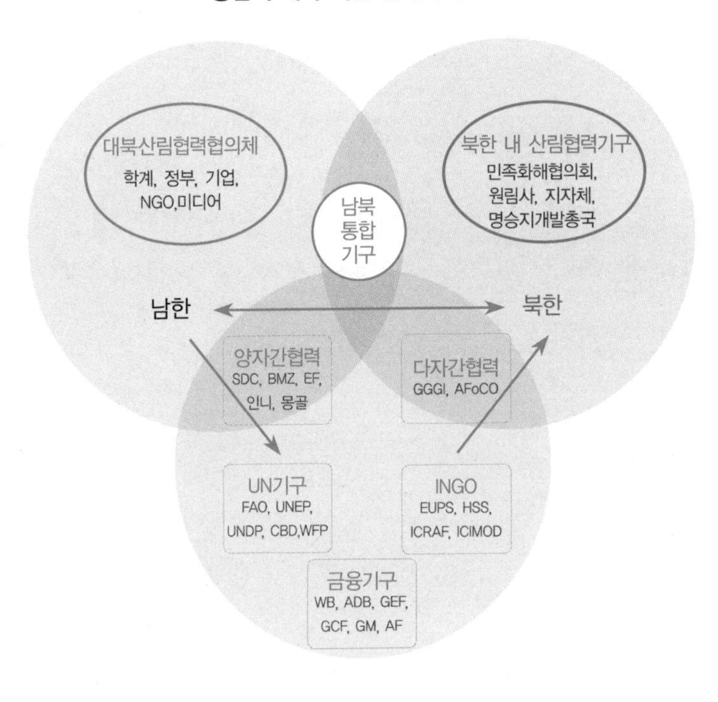

그런데 모든 국제기구는 고유의 목표가 있기 때문에 그것을 충족시키면서 북한산림 복원이라는 우리의 목표도 달성하기 위해서는 장기적, 전략적으로 접근할 필요가 있는데 현실적으로 가능한 국제기구와의 협력 가능성은 다음의 세 가지로 축약된다.

첫 번째 전략적 체계는 사업 추진에 필요한 막대한 예산의 확보를 위해 국제금융기구와 양자기구를 활용하는 것이다.

두 번째 전략적 체계는 한국이 국제기구를 통해 그들의 사업 경험과 선진기술을 습득해서 북한으로 이전하는 것이다. 국제 환경 문제 (사막화 방지, 생물다양성 보전, 기후변화 등) 해결차원에서 접근할 때 유용한 방법이다.

세 번째 전략적 체계는 남한의 경험과 재원, 그리고 기술을 북한에 전하기 위한 국제기구와 협력체계이다. 국제기구의 북한 접근성 및 신뢰관계를 활용하여 사업을 추진하기 때문에 사업의 안정성도 확보할 수 있다.

3 북한 산림 복원과 통일 한국의 미래

세계 4대 선진국의 공통점, 울창한 숲

독일은 19세기에 현대 임학의 기초를 세운 나라다. 지금 세계 각 대학교에서 가르치는 임학, 즉 산림과학의 뿌리가 독일이다. 제 1차 및 2차 세계대전을 치르고 난 뒤 세계 최강국이었던 독일은 패전국의 쓰라린 상처와 외로움을 겪어야 했다. 하지만 독일 국민들은 전쟁 중에는 물론, 패전국 국민으로서의 힘겨운 삶 앞에서도 나무를 베어다 쓰지 않았다. 초등학교에 들어가면 아이들은 아무리 배가 고파도 나무를 베어다 팔아서는 안된다는 교육을 받는다. 그 결과 독일은 지금도 세계 경제 대국이라는 국제적 위상에 걸맞는 울창한 숲을 가지고 있다.

영국은 원래 섬 전체가 숲으로 덮여 있었던 숲의 왕국이었다. 하지만 산업혁명 기간을 거치는 동안 산림 면적은 전 국토면적의 5%선으로 줄어들었고, 때마침 두 차례의 세계대전을 치르면서 심각한 목재 부족에 시달려야 했다. 그 경험을 지렛대 삼아 영국은 제 2차 세계대전이 끝난 직후 대대적인 조림사업에 착수했다. 마침 전쟁을 마치고 고향으로 돌아온 군인들의 일자리 창출과 맞물려 효과는 배가됐다. 교육을 통해 전문적인 조림사업단을 조직하고 대규모 조림사업을 시행해가는 동안 영국의 경제 규모는 다시 세계 5위로 껑충 뛰어올랐다. 그 즈음 전 국토의 산림면적은 12%로 늘어나 있었다.

미국은 방대한 국토면적에 걸맞게 열대림에서부터 한대림까지 다양한 형태의 숲을 보유하고 있으며 그 천혜의 아름다운 자연을 잘 지키고 있는 국가로 유명하다. 1850년대 서부 개척시대 초기에는 서부의 원시림을 대규모로 벌채하기도 했지만 1872년 세계에서 제일 먼저 국립공원제도를 도입했고, 20세기 초 대공황이 왔을 때 고용창출을 위해 국가 차원의 대규모 조림사업을 주도하기도 했다.

미국은 현재 세계에서 목재를 가장 많이 생산하는 나라이자 가장 많이 소비하는 국가다. 이에 걸맞게 임학에 대한 교육과 연구에 많은 투자를 하고 있어 독일에 이어 21세기 세계 산림과학을 끌어가고 있다.

〈미요리의 숲〉(야마모토 니조 감독, 오다 히데지 원작)이라는 일본 애니메이션에는 수많은 숲의 정령들이 등장한다. 숲을 소재로 어떻게 저런 풍부하고 다채로운 이야기를 만들어 낼 수 있을까 하는 생각이 들 만큼 한국의 정서로는 상상도 할 수 없는 기발한 착상이다. 이 이야기는 어렸을 때부터 울창하고 신비로운 숲과 더불어 살아온 일본인의 정서 안에서만 탄생할 수 있는 스토리다.

일본은 나무 생장에 최적인 따뜻하고 다습한 기후조건을 가진 나라다. 특히 잦은 지진으로 인해 국민들이 상대적으로 안전한 목조 주택을 선호하는 탓에 일찍부터 목재의 가치를 깨달은 나라이기도 하다. 일본은 나무와 숲을 지혜롭게 관리하는 전통이 있다. 일제강점기에 일본인들이 조선에 와서 한국인을 무시하게 된 동기 중의 하나가 바로 무단 벌채였다. 나무와 숲, 자연을 소중히 할 줄 모르는 조선인은 한마디로 한치 앞도 내다보지 못하는 무지 몽매한 민족이라고 본 것이다. 일본은 2차 세계대전 패망 후 빈곤과 고립의 그늘에 있었으나 그 때에도 숲을 훼손시키지 않았다. 그런 일본은 이내 역경을 딛고 다시 일어나 세계경제를 쥐락피락하는 경제대국으로 등극했다.

이 모든 게 우연일 수는 있지만 세계적으로 잘 사는 나라들이 좋은 산림을 가지고 있는 것만은 틀림없다.

녹색개발 메커니즘시대, 산림은 떠오르는 미래 첨단산업

1992년 브라질 리우데자네이루 회담에서 전 세계 정상들은 세계 각국의 운명에 중대한 영향을 끼치게 된 'UN 3대 환경 협약' 의 추진을 결정했다. 생물 다양성 협약, 기후변화 협약, 사막화 방지 협약이 그것이다. 다시 말하면 이 세 가지는 지구 환경에서 가장 위협적인 요인이라고 할 수 있다. 그런데 이 회담은 생태계의 틀을 무너뜨리지 않고 환경 문제를 해결하는 유일한 생물학적 처방은 '숲의 복원' 이라고 선언했다.

우리는 거의 의식하지 못하고 살아가지만, 숲은 인간의 삶에 있어서 대체 불가능한 절대필요의 동반자적 자원이다. 숲의 훼손은 인간의 생존에 직접적인 영향을 미친다. 나무는 광합성이라는 탄소동화작용을 통해 산소를 배출하고 공기 중의 이산화탄소를 흡수한다. 흡수된 이산화탄소는 바이오매스 형태로 나무안에 있다가 나무가 죽어서 썩거나 벌목되거나 불에 타면 대기 중으로 배출된다. 그러므로 건강한 숲은 이산화탄소를 흡수하는 탄소저장고와 같다.

그런데 문명이란 이름으로 숲을 파괴해 온 우리는 이미 1990년대 후반부터 해마다 관측사상 초유의 기상재해들을 접하고 있다. 2003년 유럽 폭염, 2005년 미국 허리케인 카트리나와 아마존의 가뭄, 2008년 미얀마 사이클론 나르기스, 해마다 터지는 곳곳의 대형 산불 등이 대표적이다.

적설량을 기록한 적이 없는 나라 대만에 눈이 내리고, 중국과 몽골의 사막화로 인한 황폐화는 주민들을 기아로 몰고 가고 있다. 필리핀은 태풍으로, 인도네시아는 쓰나미로, 미얀마, 방글라데시 등은 홍수로 인명피해가 속출하고 있다. 핵전쟁으로 죽은 인구보다 기후변화로 죽은 인구가 더 많을지도 모른다.

숲이 파괴되면 가장 먼저 강수량 조절 기능이 파괴된다. 빗물 중에 하천을 통해 바다로 흘러가는 것은 25% 뿐, 나머지 75%는 숲에 저장된다. 숲에 머문 빗물은 수증기로 증발하거나 지하수로 흘러든다. 숲은 하천에 물이 마르지 않게 하는 자연 저수지다. 따라서 숲이 사라지면 강수량 조절 기능을 잃어 홍수와 가뭄을 초래한다. 최근 기후변화로 인해

중국 네이멍구 쿠부치사막에서. 이곳은 매년 서울의 5배 면적이 사막화되고 있다.

지구촌에 빈번한 대형 홍수와 가뭄은 엄밀히 말하면 숲이 없거나, 있던 숲이 사라진 곳에서 발생하는 것이다.

또한 생물다양성도 무너진다. 생물 다양성이 우리에게 가져다주는 혜택은 이루 말로 설명할 수 없을 만큼 크고 중요하다. 다양한 생물종 보전과 고유 생태계 유지는 식량시장의 안정을 보장하고 귀중한 의약품의 보고이기도 하다. 인간의 삶에 있어서 숲의 경제적, 환경, 생태, 문화적 중요성은 새삼 언급할 필요도 없는 상식이다.

21세기는 녹색개발 메커니즘(GDM, Green Development Mechanism) 시대다. 과거의 청정개발 메커니즘이 이산화탄소를 줄이는 일에 전념했다면, 녹색개발 메커니즘은 자연생태계가 인간에게 주는 모든 생태계 서비스, 즉 물, 공기, 생물 다양성, 산림, 습지, 청정하고 안전한 삶 등을 경제적 가치로 환산하고 시장으로 끌어오는 개념이다.

숲과 사람을 살리고 경제성장도 보장된, 세기적 프로젝트.

몇 년 전 독일에 갔을 때 산림관리인을 만난 일이 내내 잊히지 않는다. 산림 대국 독일은 모든 숲마다 산림국 소속의 산림관리인이 있다. 이들은 담당 구역 내의 관사에 살면서 숲 생태계의 변화를 조사하고 관리한다. 불법 벌목이나 사냥을 단속하는 등 숲에서 일어나는 거의 대부분의 일에 대해 통제할 권한도 있다. 대도시와 멀리 떨어져 살아야 하고 일도 험한 편임에도 불구하고 산림관리인이 상당수가 젊은 사람들이었다. 아이들이 가장 되고 갖고 싶어 하는 직업 중 하나인 산림관리인은 독일 사회에서 사회적 지위가 상당히 높은 편이다.

선진국에서는 산림을 새로운 일자리를 창출하는 보고(寶庫) 인식하고 있다. 실제로 벌목, 벌채 등 전통적인 임업종사자에서부터 첨단 바이오 엔지니어에 이르기까지 다양한 차원의 일자리를 창출한다. 역사적으로 볼 때에도 산림을 활용해 대규모 일자리 창출해서 국가 경제 위기를 넘긴 사례가 많다. 미국의 경우 1930년대 대공황 당시 '시민보전단' 을 통해 산림 분야에서 3백 만 명 가량의 청년이 일자리를 얻었고, 핀란드는 1990년대 초 경제 위기 때 산림 클러스터에 20만 명을 고용한 사례가 있다. 대표적인 산림대국인 스웨덴도 150년 내전으로 인한 국가 위기 때 산림 재건을 통해 대규모 일자리를 창출로 서민들을 살렸다.

녹색개발 메커니즘 시장의 예

분류	녹색개발 메커니즘 시장에서 가능한 거래 유형
물 시장	천연수, 특히 습지에서 여과된 물에 대한 거래제도
생물 다양성 시장	다양한 생물의 서식지와 종 보전, 관리를 위해 인센티브를 제공하는 거래제도
통합시장	탄소, 물, 생물 다양성을 함께 묶어 거래하는 제도, 목재인증 제도처럼 지속 가능한 경영에서 생산된 목재상품 가격에 부가적으로 포함.

우리나라의 경우도 1998년 IMF 외환위기 때 실업난을 해소하기 위해 숲 가꾸기 공공근로사업을 추진해 5년간 연평균 1만 3천명에게 일자리를 제공했다. 다른 공공근로사업에 비해 참여자들의 반응도 좋았다. 참가자들 중에는 저소득층과 여성 실업자 등 취업 취약계층이 많았는데, 만족도를 조사한 결과 참여 근로자의 94% 이상이 만족해하고 계속 일하기를 원한 것으로 나타났다. 숲 가꾸기 사업으로 일자리 창출과 업무 만족도라는 두 마리 토끼를 모두 잡은 셈이다.[17]

최근 우리 사회도 바야흐로 고용 없는 성장에 돌입해 실업문제가 사회적 최대 이슈로 떠올랐다. 그러나 다른 분야와 달리 산림분야에서는 바이오 에너지, 탄소배출권 거래 등 새로운 사업과 무궁무진한 일자리 창출이 가능하다. 산림 관리인, 숲 해설가, 수목원 코디네이터처럼 중장년층과 사회 취약 계층에 적합한 일자리뿐만 아니라 탄소배출권 관련 해외 전문가, 산림 자원을 활용한 신약·신물질 개발 전문가 등 청년층이 선호하는 고급 일자리도 다양하다.

북한 산림 복원 사업은 북한에 엄청난 경제개발 효과를 가져다 줄 것이다. 아직 연구결과는 없지만 대규모 산림복원 공공근로 사업을 통해 수백만명의 주민들의 일자리를 얻게 될 것이고 이를 통해 산림 뿐 아니라 만성적인 기아에 시달리는 북한 주민들도 살릴 수 있다. 이 외에도 남북한은 물론 국제 사회의 정치 사회 문화 측면에 미칠 영향을 고려해 볼 때, 북한 산림 복원의 성공은 세계사에 길이 남을 세기적 프로젝트임에 틀림없다.

에필로그_북한산림 복원과 한국의 선택

사막화로 확산되어가는 산림 재앙 앞에서 북한은 마침내 길을 잃었다. 더 이상은 스스로 회복할 수 없는 북한 산림. 벼랑 끝에 몰린 산림을 되살리기 위해 북한은 다양한 방법으로 국제사회와 한국을 향해 간절히 도움을 청하고 있다. 그런데 그들을 도울 수 있는 세계 공인 '경험' 이 우리에게 있다.

지금 우리에게 필요한 것은 북한 산림문제를 바라보는 인식의 전환이다. 가장 먼저 북한 산림 복원을 단순히 '기아선상에 선 북한 주민들을 돕기 위한 원조 사업' 으로 보거나 생태적 이슈에서 보는 시각에서 벗어나야 한다. 이 사업은 국내적으로는 법과 제도에 관한 이슈이며 대외적으로는 국제 외교적 이슈다. 두 번째로 북한 산림 복원을 위해 반드시 협력해야만 하는 국제기구가 우리가 기대하는 만큼 북한을 잘 알지 못한다는 사실이다. 그리고 마지막으로 북한 산림 복원은 근본적으로 최소 수십 년 이상의 시간과 천문학적인 비용이 요구되는, 그러면서도 성공확률은 매우 낮은 사업이라는 점을 결코 간과해서는 안된다.

현재 북한 산림을 살리는 유일한 처방은 조림이다. 그리고 그 몫은 우리의 것이다. 하지만 북한과 함께 일한다는 것은 결코 호락호락한 일이 아니다. 무수한 갈등을 헤쳐 나가야 하고 높은 벽을 대하는 듯한 답답함, 허공을 향해 끊임없이 외쳐야 하는 그런 전쟁같은 일일 것이다. 그런 수고를 하고도 어쩌면 우리의 기대와는 전혀 다른 양상으로 사업이 전개될 가능성도 매우 높다. 우리 현대사에서 비교대상이 그리 많지 않을 정도로 엄청난 부담을 안고 시작해야 하는 일이다.

더구나 북한 산림 복원은 우리의 법과 제도가 닿지 않는 다른 국가 땅 위의 사업이다. 중장기 목표가 생태계 복원인지 단순 녹화인지 어느 한 가지도 이해 당사자들에 의해 합의된 바도 없다. 지난 십수년간 100억이 넘는 지원이 이루어졌음에도 불구하고 기초 모니터링조차 전혀 할 수 없었다. 사업의 규모와 비용 그리고 소요 시간의 측면에서 가장 힘들고 성공확률이 낮은, 그럼에도 분초를 다투는 시급한 일이자 반드시 성공시켜야 하는 사업이다.

그런 만만치 않은 과제가 눈앞에 놓여 있다. 지난 60년간 헐벗은 우리의 산림을 복원하고 발전시키는 데 집중했다면 향후 60년은 북한과 함께 한반도의 완전한 산림녹화와 파괴된 한반도 생태 회복을 위해 노력해야 한다. 단순히 죽어가는 산림을 되살리는 수준을 넘어 산림대국 한반도의 가치를 회복하는 동시에 단절된 남북한간 신뢰를 회복하여 통일을 향해 나가야 한다.

20년 전인 1994년에도 유사한 기회가 있었다. 갑작스런 에너지난과 식량난으로 '고난의 행군' 이란 절박한 상황에 봉착한 김일성 주석은 총리 연형묵을 한국으로 급파, 도움의 손길을 내밀었다. 당시 북한측은 대통령 정상회담을 비롯해서 우리 정부가 제시한 모든 조건을 수용했다.

그런데 우리 정부는 북한의 다급한 지원 요청을 '정상회담' 뒤로 미루고 서울까지 날아온 연형묵을 빈손으로 돌려보냈다. 그런데 그 직후 김일성이 세상을 떠나고 어렵게 성사된 남북한 정상회담도 무산됐다. 기적처럼 열렸던 '기회의 창' 은 그렇게 순식간에 사라졌다.

20년이 지난 지금, 북한은 또 다시 한국을 향해 손을 내밀고 있다. 통일을 향한 '기회의 창' 이 다시 열리고 있는 것이다. 이번에도 정치적 명분을 앞세우며 과거의 실패를 반복할 것인가.

또 다시 여름이 다가오고 있다. 북한 주민들은 애써 일궈놓은 모든 것을 쓸어가 버릴 여름철의 대 재앙을 생각하며 두려움에 떨고 있을 것이다. 이 여름, 북한의 산림 재앙 앞에 선 우리의 선택에 후손들이 살아가야 할 통일 한반도의 미래가 달려 있다.

함경북도 칠보산 근처의 마을. 북한은 도둑이 극심하여 집집마다 높은 울타리를 쳐놓는다.

2012 제주 세계자연보전총회. 정부와 NGO가 지구환경문제를 논의할 수 있는 유일한 회의로 IUCN회원국인 북한도 초청했으나 불참했다.

함경북도의 벼 못자리. 유엔은 북한이 매년 100만 톤 가량 식량이 부족한 것으로 파악하고 있다

황해북도 곡창지대였던 사리원은 현재 심한 가뭄현상으로 지난 봄 강수량이 1mm에도 미치지 못했다.

주

1. 기획재정부, 2013, 「2012 경제발전경험모듈화사업」, 243.
2. 전체 임목축적을 인구수로 나눈 값이다.
3. 배재수 외, 2010, 「한국의 산림녹화 성공요인」, 국립산림과학원, 40.
4. 배재수 외, 2010, 「한국의 산림녹화 성공요인」, 국립산림과학원, 41.
5. 배재수 외, 2010, 「한국의 산림녹화 성공요인」, 국립산림과학원, 41.
6. 배재수 외, 2010, 「한국의 산림녹화 성공요인」, 국립산림과학원, 43.
7. 배재수 외, 2010, 「한국의 산림녹화 성공요인」, 국립산림과학원, 47–48.
8. 배재수 외, 2010, 「한국의 산림녹화 성공요인」, 국립산림과학원, 48.
9. Pak Sum Low and Kim Kwang Ju, 2012, 'Integrated Report on Addressing Desertification, Land Degradation and Drought in the Democratic Poeple's Republic of Korea', UNCCD.
10. 배재수 외, 2010, 「한국의 산림녹화 성공요인」, 국립산림과학원, 135.
11. 산림청, 2011, 「2010산림기본통계」.
12. Rudel 외, 2005, 'Forest transitions: towards a global understanding of the landuse change'. Global Environmental Change, 15, 23–31. 배재수 외(2010)에서 재인용.
13. 조정현, 2010, 「DMZ의 평화적 이용에 대한 국제환경법적 고찰」, 국제법평론, 32, 134.
14. 명수정 외, 2013, 「한반도 기후변화 대응을 위한 남북협력 기반 구축 연구III」, 한국환경정책평가연구원, 432.
15. Harmeling, 2007, 'Global Climate Risk Index 2008', GermanWatch, 12.
16. 산림청, 2013, 「북한 산림복구 기본계획」.
17. 김성일, 2011, 『솔루션 그린』, 메디치, 202.

참고문헌

단행본

김성일, 2011, 『솔루션 그린』, 메디치.

김광수경제연구소, 2011, 『플리바겐』, 서해문집.

염돈재, 2010, 『독일통일의 과정과 교훈』, 평화문제연구소.

이경준·김의철, 2010, 『민둥산을 금수강산으로』, 기파랑.

최윤식, 2013, 『2030대담한 미래』, 지식노마드.

Victor Teplyakov, Seong-il Kim, 2011, 『North Korea Reforestation: International Organization's and Domestic Opportunities』, Jungmin Publishing Co., Seoul

학술지 논문

강동완, 2008, 「정책네트워크 분석 (Policy-Network Analysis) 을 통한 대북지원정책 거버넌스 연구」, 국제정치논총, 48(1), 293-323.

김경술, 2014, 「북한 에너지 소비행태 조사분석」, KDI 북한경제리뷰 16(4), 47-49.

김종호 외, 2012, 「산림공익기능의 경제적 가치평가」, 한국산림휴양학회지, 16(4), 9-18.

김화영·김지효·허은녕, 2008, 「에너지 수급 자료 분석을 통한 북한의 에너지부족 현황 분석」, 한국지구시스템공학회지, 45(5).

박영호, 2013, 「박근혜정부의 대북정책: 한반도 신뢰프로세스와 정책 추진 방향」, 통일정책연구, 22(1), 1-25.

안세현, 2013, 「북한의 에너지 안보구축: 동북아시아 천연가스 협력방안」, 국제관계연구, 18(1).

탄홍메이, 2010, 「한국 정부의 대북정책에 대한 검토적 연구: 김대중, 노무현, 이명박 정부의 비교」, 글로벌정치연구, 3(1).

Rudel 외, 2005, 'Forest transitions: towards a global understanding of the land use change'. Global Environmental Change, 15, 23-31. 배재수 외(2010)에서 재인용.

학술지 발표자료

강미희 외, 2012, 「북한 황폐산림 복원을 위한 이해당사자 역할의 중요성과 성취도 평가」, 산림과학 공동학술발표논문집, 422-424.

강미희 외, 2012, 「북한 황폐산림 복구를 위한 협력체계 구축 장애요인에 대한 연구」, 산림과학 공동학술발표논문집.

김성일·Victor Teplyakov, 2013, 「국제 워크숍 참석 및 독일 현지조사 결과보고」, 서울대학교 산림과학부.

김성일 외, 2012, 「지속적인 북한산림 복원을 위한 추진전략 연구및 국내협력체계구축」, 한반도산림복원 및 국제산림협력사업단 워크숍.

이동호·김성일, 2013, 「대북 산림협력 사업에 참여하는 국내 이해당사자들간 협력 관계의 구조적 특성에 대한 연구」, 한국산림휴양학회 학술발표회 자료집, 59-60.

이동호·김성일, 2013, 「대북 산림협력 사업 추진 체계의 특성에 대한 연구-대북 산림 협력사업의 재원, 이해당사자들간의 관계와 역할을 중심으로」, 한국임학회 학술발표논문집, 36-38.

이동호·김성일, 「대북 산림협력 사업 추진 체계의 특성에 대한 연구및 대북 산림협력 사업의 재원, 이해당사자들간의 관계와 역할을 중심으로」, 서울대학교 산림과학부.

이동호 외, 2013, 「대북 산림협력 사업의 유형별 특성과 장애요인」, 한국산림휴양학회 학술발표회 자료집, 413-414.

이동호 외, 2012, 「북한 황폐산림 복원 문제의 국내 언론 보도 특성에 대한 연구 -언론사의 정치적 성향별 프레이밍 특성과 보도 관점 차이를 중심으로」, 산림과학 공동학술발표논문집, 420-421.

이동호 외, 2011, 「북한 황폐산림 복구를 위한 협력체계 구축 장애요인에 대한 연구」, 산림과학 공동학술발표논문집, 615-618.

전현선 외, 2013, 「산림공익기능 가치평가」, 한국산림휴양학회 학술발표회 자료집.

보고서

강원도, 2010, 「남북강원도교류협력 10년의 발자취」.
강병수, 2012, 「북한 황폐산림 복원사업의 장애요인 극복을 위한 거버넌스에 대한 연구」, 서울대학교 미간행 학사학위논문.
경기도, 2012, 「경기도 남북교류협력 10년 백서」.
기획재정부, 2013, 「2012 경제발전경험모듈화사업」.
명수정 외, 2013, 「한반도 기후변화 대응을 위한 남북협력 기반 구축 연구III」, 한국환경정책평가연구원.
박종호, 「한국의 산림황폐화와 산림녹화 사업」, 산림청.
배재수·주린원·이기봉, 2010, 「한국의 산림녹화 성공요인」, 국립산림과학원 연구신서, 37.
배재수 외, 2010, 「한국의 산림녹화 성공요인」, 국립산림과학원.
산림청, 2013, 「북한 산림복구 기본계획」.
산림청, 2011, 「2010산림기본통계」.
여인곤 외, 2009, 「비핵개방3000 구상: 추진전략과 실행계획 (총괄보고서)」, 통일연구원.
이승환, 1999, 「김대중 정부의 대북정책에 대하여」, 황해문화, 7(4).
이효원, 「북한의 산림녹화사업을 위한 법제도 개선방안」
조민, 2003, 「노무현 정부의 평화번영정책: 전망 및 과제」, 통일연구원.
조정현, 2010, 「DMZ의 평화적 이용에 대한 국제환경법적 고찰」, 국제법평론, 32.
최가영, 2013, 「중국, 베트남, 남한의 산림환경서비스지불제 비교분석: 북한산림 황폐화복원에 주는 함의」, 서울대학교 미간행 석사학위논문.
한국양묘협회, 2012, 「한국양묘협회 50년사」.
홍성국, 2007, 「최근 북한의 에너지 현황과 남북협력의 과제」, 수은북한경제.
David von Hippel and Peter Hayes, 2014, "Assessment of Energy Policy Options for the DPRK Using a Comprehensive Energy Security Framework", NAPSNet Special Reports.
Degradation and Drought in the Democratic Poeple's Republic of Korea', UNCCD.
DPRK, 2006, 'National Action Plan to Combat Desertification / Land degradation in Democratic People's Republic of Korea (2006-2010), UNCCD
George Archibald and Pak U Il, 2008, 'The Restoration of the Red-crowned Cranes on the Anbyon Plain in Democratic People's Republic of Korea」.
Harmeling, 2007, 'Global Climate Risk Index 2008', GermanWatch.
Kim, Hun, 2012, 'DPR KOREA'S SECOND NATIONAL COMMUNICATION ON CLIMATE CHANGE', UNFCCC.
Pak, Sum Low & Kim, Kwang Ju, 2012, 'Integrated Report on Addressing Desertification, Land People's Republic of Korea (2006-2010)', UNCCD.

언론 보도자료

노동신문 사설, '국토관리사업에서 새로운 전환을 일으키자', 2012년 5월 23일
노동신문 사설, '사회주의강성국가건설의 요구에 맞게 국토관리사업에서 혁명적 전환을 가져올 데 대해 당, 경제기관, 근로단체, 책임일군들과 한 담화', 2012년 5월 9일
노동신문 사설, '사회주의 강성국가 건설의 요구에 맞게 국토 관리사업에서 혁명적 전환을 가져올 데 대해 당, 경제기관, 근로단체, 책임일군들과 한 담화' 2012년 4월 27일
노동신문 사설, '산림 및 경관회복에 관한 국제토론회 진행' 2012년 3월 10일
노동신문 사설, '조국의 미래를 위하여 더 많은 나무를 심자' 2011년 3월 2일
빅터 테플리아코프, '20년 동안 산림 면적의 30%가 사라진 북한', 조선일보, 2011년 9월 27일
조선일보, 〈통일이 미래다〉 2014 신년 기획시리즈.

북한산림, 한반도를 사막화하고 있다

초판 1쇄 인쇄 2014년 6월 30일
초판 1쇄 발행 2014년 7월 1일

지은이 김성일, 이동호
펴낸이 이소윤
편집인 이동훈
리써치 이진주
디자인 한혜영
펴낸곳 **(주)**스토리윤
출판등록 제 **2013-000181**호

주 소 서울 서초구 강남대로37길 56-18 2층
전 화 070-7097-5885
팩 스 02-529-5232
전자우편 storyoon0406@hanmail.net

이 책에 제시된 연구 내용 중 일부는
'한반도 산림복원 및 국제산림협력사업단'의 지원으로
수행되었습니다.

ISBN 979-11-951529-3-3

국립중앙도서관 출판예정도서목록(CIP)
국립중앙도서관 출판예정도서목록(CIP)은 서지정보유통지원시스템 홈페이지(http://seoji.nl.go.kr)와 국가자료공동목록시스템(http://www.nl.go.kr/kolisnet)에서 이용하실 수 있습니다.(CIP제어번호: CIP2014018936)